U0009088

# 不上班，
# 每天工作3小時的
# 自由生活

邱鈺玲———著

# 練習當一個自由人

劉揚銘　自由作家

　　蘋果（Apple）曾有一個廣告文案：「個人電腦是人類心智的腳踏車。」因為創辦人史蒂夫‧賈伯斯（Steve Jobs）在《科學人》（*Scientific American*）雜誌看過一篇報導，研究不同物種的移動效率，人類在「每移動一公里必須消耗的熱量」中排名倒數，最輕鬆的是禿鷹；不過，若是人類騎上腳踏車，就能用超高的移動效率把禿鷹拋在後頭。

　　賈伯斯希望蘋果電腦成為人類「心智的腳踏車」，畢竟我們剛開始也許有點笨拙，但能透過好工具，讓事情變輕鬆。

　　《不上班，每天工作 3 小時的自由生活》就像自由工作者的「腳踏車」，無論你尚在猶豫是否開始自由工作，或者已在自由工作的路途中，這本書都在你腳步游移之時，把可能碰到的疑難雜症一路攤開，協助按圖索驥，找出適合自己的行動方案。

　　不說別人，身為超過十年經驗的自由工作者，書裡依然能讀到我應該想而沒想過的建議，閱讀中幾次點頭如搗蒜。如果

你也想成為一個堅守原則、不委屈自己，並逐步實現想要生活的工作者，這本書肯定有幫助。

這本書不是「怎樣做就會成功」的攻略（現實世界少有如此夢幻的發展），而是非常寫實、甚至血淚地把離開公司體制，開始自由工作後，所面臨的抉擇、取捨、風險、經驗都分享出來 —— 作者願意寫出她屢次失敗的過程，如近身肉搏般，強調自由必須付出代價，但堅持絕不剝削自己，令人印象深刻。

從自由工作最初建立個人作品集的方式，到是否加入工會（包括合約問題的法律諮詢，以及與申請紓困補助），如何處理稅務和節稅，再到如何為自己的工作內容定價及報價、甚至學習漲價（把報價單、請款單格式、漲價技巧與時機都公開出來，簡直佛心來的，光讀這段就值回票價），還有讓收入現金流更穩定的幾個建議（讀完才發現自己一直忽略這部分）。

成為自由工作者後，開發客戶的方法，與客戶溝通的注意事項，管理客戶的質與量、案件規模，甚至詳細到如何減少開會與各種工作訊息的干擾 —— 當客戶頻繁用電話或訊息轟炸，你願意終止合作嗎？又該如何終止才好？並附十一種地雷案件警示燈，以及已經踩到地雷的拆除法 —— 當和客戶發生衝突，在失敗的危機與壓力下，如何重振心情減少後續損害，找出雙贏方法（這段血淚經驗非讀不可）？

而在接案可維持生存後，如何管理財務、學習理財？如何

規劃休息時間？畢竟我們擅長工作，卻意外地很不擅長休息；成為自己的老闆，如何規劃第二條職涯成長曲線？

當我讀到作者在最後說：「不會覺得大部分的人生掌握在他人手裡。」「變得更少抱怨、更正向積極；擁有更多時間正視遲滯未決的身心健康問題，開始有餘裕培養不同興趣，領略不同生活經驗……可以理直氣壯地把生活重心放在自己身上，而不再有罪惡感。」時，真心覺得，啊，自由果然需要練習。

讓我們一起騎著自由工作的腳踏車練習吧！

# 穩定工作中的裂痕

　　自行決定工作時間和方式是不少人的夢想，覺得當自由工作者勢必能擺脫朝九晚五的拘束。過去的我也不例外，雖然對職場充滿怨言，不過以前只敢想，從來沒有想要付諸實踐。我以為自己會上班一輩子，直到健康出狀況，才鬆動我對工作的想像。

　　大學時，雖然主修服裝設計，但很早就認清自己沒有設計天分，而且畢業後連一份設計助理的面試機會都沒拿到，於是轉而追求另一個興趣——寫作。很幸運地在一家獨立雜誌社找到實習機會，從此之後，即便輾轉換了幾家公司、做了不同職務，但工作內容都與文字息息相關。

## 身體亮紅燈，穩定工作出現裂痕

　　原以為我的人生會一直在不同公司中歷練，直到二十六歲那一年，一切都開始偏離我預想的軌道。那時我的睡眠品質和精神狀況每況愈下，不管早睡、晚睡，凌晨兩點一定會準時睜

開眼睛，在煩躁、困惑、焦慮、輾轉反側中，度過漫漫長夜，直到清晨四、五點才會在恍惚的狀態下再度入眠。

　　想也知道，這種糟糕的睡眠品質絕對會重挫精神狀況，所以每天早上九點上班，十點就開始打哈欠，十一點便覺得昏昏欲睡，這樣的日子一久，生理期也跟著受累，變得要靠中藥才能來潮，甚至到後來也沒用了。長達半年，生理期不來就是不來，診所一家一家地換，中醫、婦科醫師都找不出原因。那段日子裡，下班後時常趕著去掛號拿藥，辛苦賺來的錢都拿去看醫生，卻毫無新的發現，真的相當煎熬。

　　就在我的人生陷入愁雲慘霧之際，當時任職的公司正好要進行體檢，給員工的補助頗為大方，全額補助之餘，還能任選一項免費超音波檢查。或許是冥冥之中的安排，我在這次體檢中，意外找到苦尋一年未果的病因：原來我罹患甲狀腺機能低下症，甲狀腺左右各長了一顆結節，其中一顆長達四公分。

　　找到病因後，我隨即辭職積極就醫，好在經過穿刺檢查，確認脖子裡面的兩顆結節皆為良性，無需動刀，只要持續服藥追蹤即可，我也在休息半年後重返職場。

　　然而，回歸職場三年間，我發現工作和健康生活之間，存在著本質上的矛盾。

## 多元的世界，謀生方式卻如此單一

　　人的一天有二十四小時，假設每天八小時留給睡眠、八小時奉獻給工作，剩下的八小時則要被通勤、吃飯、煮飯、運動、交際、進修、洗澡、娛樂等生活瑣事瓜分，難怪我們一天到晚覺得時間不夠用，總認為沒空運動、沒空備餐，好多事情都做不完。其實我們不是不擅長管理時間，而是因為工時實在太長了啊！

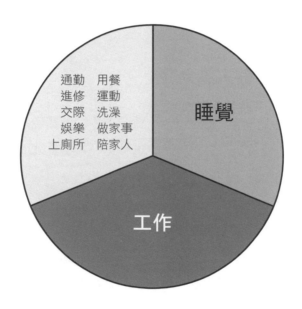

▲ 工作占據一天太多時間，以至於我們經常感受到時間的匱乏。

更別說以上的時間分配已是最理想狀態，現實中有許多人的工作都超過八小時，像我以前的工時也常超過九小時，如此一來，留給自己的時間就更短了。於是我們只能熬夜偷時間，試著找回一點人生的掌控權，不讓生活被工作填滿，但這種「向天借時間」的方法，會對身體造成什麼影響，可想而知。

這讓當時的我備感困惑：「為什麼職業的種類這麼多元，謀生的方式卻這麼單一，難道每天工作八小時，就真的能確保產值提升嗎？」

我就這樣帶著疑惑迎來了三十歲。

## 為期六個月的人生實驗

三十歲那一年所屬公司因故歇業，我被迫開始找工作，但卻經歷了出社會以來最不順遂的求職過程，不是連面試通知都沒有，就是面試後被發無聲卡，接連投遞十來封履歷都未有斬獲。

就在我為收入感到煩惱時，收到一封來信，寄件者是一間出版社的副主編，他說公司剛接下一本書的案子，需要採訪臺灣的服裝設計師，而他在一位前輩的介紹之下，取得了我的聯絡方式，問我有沒有興趣幫忙。

由於這個專案不小，工作會橫跨好幾個月，頓時之間我心中萌生一個念頭：「**如果我接下這個案子，然後半年都不去**

找工作，嘗試以自由工作者的身分生活，看看之後會發生什麼事，不知道會怎麼樣？」

本以為這個實驗結束後，就要認清現實，乖乖去找工作，但結果我以自由工作者的身分過了近五年，持續的時間比我過去任何一份工作都久。

這段期間，我每個月都會記錄自己的自由工作生活，寫了近五年未曾中斷，也因此認識許多因疾病纏身，卻被僵化工作形式所囿的朋友，他們的遭遇讓我想起過去的自己，所以二〇二一年，我開始在自己的部落格「Murmuring 碎念主婦的日常」中，不定期更新〈新手自由工作者接案指南〉，希望用綿薄之力，讓無法從事正職工作的朋友，找到新的人生方向。

而本書正是〈新手自由工作者接案指南〉系統化的完整版，我將與你分享自由工作的心路歷程、常見迷思、成為自由工作者的方法，以及如何永續經營自由事業。

我無意鼓吹自由工作萬歲，只希望能展現不同的謀生方法。即便寫書的當下，我依然覺得自己會繼續在自由工作的道路上前進，但不認為在企業上班就是一件絕對負面的事情，也不覺得放棄自由工作，重返職場就等同於失敗。對我來說，無論是哪一種維生方式，都是工作的選擇，不過，若能多一項自由工作的技能，就能為自己增加抗風險能力、人生可以多一點籌碼和韌性，少一點無可奈何、別無選擇。

無論你是正在猶豫不決、準備踏上自由工作之路，或已是

自由工作者的人，都希望書中的隻字片語，能為你的人生注入一點新的能量。

# 目錄 ——————————— CONTENTS

## 第 1 章　你的工作有「韌性」嗎？

## 目錄

# 第3章 / 正式迎向自由

第 4 章　永續經營自由事業

# 1

你的工作有
「韌性」嗎？

# 穩定的工作，其實並不穩定

「記得我們說過，脆弱喜歡安穩，反脆弱從混亂
中成長，強固則不是那麼在意外在的環境。── 我們
的生活能夠那麼簡單，是因為強固和反脆弱不必像脆
弱那樣，準確理解我們所存在的世界 ── 而且它們不
需要做預測。」

── 納西姆・尼可拉斯・塔雷伯
（Nassim Nicholas Taleb）《反脆弱》

自由工作者多半給人「自由，但收入不穩定」的印象，也
因為沒有固定收入，常被視為風險較高的工作型態。但既然
收入不固定是已知事實，為何不能提前避險呢？收入多元且浮
動，不也正具備著打破薪資天花板的潛力嗎？

會不會其實看似不穩定的工作型態才最抗風險呢？

# 穩定，但也僵化

　　動筆寫這本書的時間是二○二三年，比起十年前，或更早以前的社會氛圍，現在的社會已經沒那麼排斥頻繁跳槽、換工作的行為，不過仍有一群人認為，出社會後找份穩定的工作，才是最好的人生選擇。

　　以前的我會覺得這種想法很老派，不過之所以到了二十一世紀還有這麼多人推崇，必然有其好處，才能繼續存在。

## 穩定，等於可預期的未來

　　穩定的工作代表「知道能累積多少資產」，代表「能提前規劃五年、十年後的人生」，而且「可以確信自己的人生規劃不會被打亂」，只要付出足夠的努力，就可以照著既定規劃加薪、升職、退休。一切都是可預期的未來，一切都在掌握之中，沒有突如其來的意外，只要做好份內工作，所有事情都會水到渠成。

　　這種順遂的人生令人安心，難怪有一群人十分嚮往。

## 穩定，但也僵化

　　一切都在掌控之中，一切都這麼美好，只要待在穩定的環境，夢想藍圖就能逐步實現，但凡事都是一場交易，都有代價，想要享受體制的安全，期待組織為你遮風蔽雨，勢必要有

所妥協。而穩定工作的代價，就是你的**時間**和**自主權**。

　　儘管體制並非刻意剝奪員工的自主權，而是要使多人組織順利運作，就得建立規則，才便於管理、降低風險和成本，只是久而久之就會顯得很僵化、官僚形式化且不盡人情。

　　可預期很讓人安心，但相對來說就不容易改變，至少不容易為了一個人改變。穩定的工作為大眾設定一個前提：假設所有人都想要看得見盡頭的人生藍圖，而不是打破天花板、越過框架、探索新的可能；預設所有人在人生階段對於目標、需求，在可工作的二十～三十年間，都不會有任何改變。當人們突破這個預設框架，隨著年紀增長，想法開始改變時，往往會在第一時間懷疑自己，以為自己對原先的目標不夠忠誠、不夠有耐性、不夠有毅力。但殊不知，只是不符前提而已。

　　世界上本來就難有一體適用的制度，當不斷變化的人碰上穩定的組織，就容易感受到僵化和束縛，於是我們只能選擇把自己的尖角磨平、馴化自己的不穩定，告訴自己：「這就是社會化的過程。」「這沒什麼，誰不是這樣過來的呢？」

## 你難道沒有其他家人了嗎？

　　二〇二一年是我人生最艱難的一年，這年夏天，我和大家一樣，事業被三級警戒影響，但同一時間，新婚、搬家、家人重病住院和開刀等大事全部湧進我的生活。我知道去醫院陪病鐵定很忙，而且一定會睡不好，所以提前把工作做完，心無旁

驚地陪病才是最好的方式。

　　為了調配時間，我將一件件繁瑣的事情安排好，以便騰出時間去打疫苗、PCR，然後去醫院陪病。幸好二〇二〇年時有重新調整事業的策略，三級警戒雖對我有影響，但衝擊不會很劇烈，收入沒有瞬間銳減，還能維持基本生計。

　　那陣子，我常在電腦螢幕前邊哭邊寫稿，在腎上腺素和壓力的促使之下，終於成功在兩週內把一個月的工作量全部趕完。雖然當下深刻體會到何謂分身乏術，但同時也慶幸自己是自由工作者，我只需要提前告知客戶，並主動為客戶想好解決方案、把約定成果提前交付、盡可能不影響原定計畫即可，無須為了請假而傷腦筋，也不必擔心會因為頻繁請假而被上司刁難，像我的朋友 A 那樣。

　　A 的家人某天發現罹癌，由於患部不斷出血，情況緊急，需要趕緊動刀切除癌細胞，但囿於家中經濟條件，沒能選擇術後復原較快的達文西手術，只能選擇傳統手術，代表術後必須住院至少兩週，而 A 也得跟著陪病。

　　A 和這位生病的家人同住，於是他先請了一週的假，後續則由其他住在外縣市的親戚協助。原以為住院這段期間最忙碌，殊不知，這種焦頭爛額的心情會延續到化療療程。

　　由於化療前，病人必須先抽血檢驗，經由醫生評估後才能等病床，每一次化療至少都要兩天一夜。而且第一次化療還需要安裝人工血管，加上過程中，病人會產生嘔吐不適的反應，

非常需要有人照料。

可是抽血檢驗數值不一定會過關，病床不是說有就有，每一個步驟都需要等待，使得那些住在外縣市的親戚很難提前安頓工作、安排交通，於是重擔都落在 A 身上，他只能一直向公司請假。

雖然化療不是每個月都進行，然而認真負責、過去很少請假的 A，這個時期突然頻繁請假，就引起老闆的注意，只是老闆得知A的家中狀況時，非但沒有給予關心安慰，反而問他：

**「你難道沒有其他家人了嗎？」**

處在人生低潮，影響到工作絕非本意，只是別無他法，但公司老闆不諒解就算了，還反過來刁難他，這是 A 始料未及的事。之前他早就對這間公司有諸多不滿，不過為了生計一直忍氣吞聲，畢竟賭氣離開公司，只能保證一時舒坦暢快，不能保證一世都不會再遇到這種冷血對待。

但這次老闆的一番話，徹底讓 A 心灰意冷，當下馬上辭職，決定先專心照顧家人，之後的事，等家人身體狀況穩定再決定。

A 的故事完全突顯了穩定工作的僵化和缺乏彈性，雖能理解 A 的缺席確實會影響組織運作，但每當我聽見類似的故事都會想，明明是制度問題，卻讓 A 這樣的人變成影響體制的罪人，難道沒有其他方法？難道人非得在人生和職涯中二選一嗎？

都已經二十一世紀了，工作的方式是否該跟著進化？

# 穩定的根基正在鬆動

儘管主流的工作方式沒有明顯進化，但傳統企業看似穩定的根基，隨著時代的改變，確實正在鬆動。

## 疫情讓現金流問題現形

好不容易，我們挺過長達三年的疫情，然而在這段期間，許多公司的穩定根基變得搖搖欲墜、如履薄冰。大部分公司的現金流都不足，只要黑天鵝一來，就馬上現出原形。

二〇二〇年，國際勞工組織針對四十五國的四千五百家企業進行調查，過程中發現，60％的受訪企業都表示現金流不足，其中以員工數在九十九人以下的小型和微型企業狀況最為嚴重，如果不裁員，很快就會面臨歇業危機。[1]

臺灣雖然沒有類似的調查，但根據臺灣最大商業資訊公司 CRIF 中華徵信所，於二〇二〇年的統計，臺灣一千五百三十二家上市櫃企業，在二〇一九年第三季公布的財報顯示，有多達三百家企業的即時償債能力堪憂，甚至有十四家上市櫃企

---

1　International Labour Office, - Geneva: ILO (2020). A global survey of enterprises: Managing the business disruptions of COVID-19.

業的現金流不到一千萬。[2] 上市櫃公司如此，更遑論占了全臺98％的中、小企業，財務體質鐵定更為脆弱。

## 早就崩解的終身雇用制

日本的終身雇用制向來被視為穩定工作的代表，這項制度的歷史，最早可追溯到江戶時代，而後漸漸在一九二○年代定型。一戰後百廢待舉，產業面臨轉型，急需大量人力，為了吸引人才，企業紛紛祭出加薪、升等、退休金、長期雇用等徵才策略，無所不用其極。

然而一九九○年代的經濟泡沫化，讓許多資源不足的中、小企業開始無力支應終身雇用制，大量派遣人士如雨後春筍般出現，這現象不斷延燒、普及，以致日本內閣府經濟社會總合研究所終於在二○一一年發表研究報告[3]，指出日本在二○一○年代後，早就無法延續這項「傳統」。

二○一八年一月，日本厚生勞動省刪除《促進兼職合兼職的指導方針》中，關於企業禁止兼職的規定，因而當年被譽為「副業元年」，這些現象都顯示依賴單一企業提供單一收入的

---

2 〈錢不夠用？一張表看：1532 家上市櫃企業，哪些公司現金不足？〉CRIF 中華徵信所，二○二○年，今周刊。

3 低成長と日本的雇用慣行──年功賃金と終身雇用の補完性を巡って。濱秋純哉、堀雅博、前田佐恵子、村田啓子，二○一一年，日本労働研究雑誌。

時代早已過去。

　　雖然日本有獨特的發展歷史，將他國的發展脈絡直接套用，確實有失公允，但在臺灣被視為「鐵飯碗」的公職人員，也因為年金改革、少子化、追不上通膨等原因，報考人數從二〇一〇年高達五十三萬六千多人，到二〇二一年，只剩下二十三萬九千人，[4] 而二〇二三年更是出現地方特考放榜，一堆類科找不到人的狀況。[5]

　　由此可見，就算制度不變，大環境會變；即使大環境不變，人的需求依然會隨著時代改變。變動，才是萬事的常態。

## AI 將改寫未來的工作樣貌

　　二〇二二年，ChatGPT 襲捲全球時，許多人開始擔心如此強大的人工智慧，將會取代「工人智慧」，我也不例外。

　　特別是二〇二三年，Adobe 發表的 Photoshop Beta 版，讓我感觸尤為深刻。大學時，幫圖片去背是設計系學生賺零用錢的一項好選擇，但如今，用 Photoshop Beta 版，去背只要點一下，兩秒時間，過去被視為苦工的髮絲去背，都能處理得完美無缺。

---

4　公務人員考試不再熱門了嗎？影響報考人數的原因分析。江宗正，二〇二二年，國家人力資源論壇第十八期。
5　沒人要當公務員了？地方特考今放榜，一堆類科找不到人。潘俊宏，二〇二三年，聯合新聞網。

雖然我不敢妄斷 AI 何時會讓人失業，但無可否認的是，這波科技浪潮勢必會掀起驚濤駭浪，對穩定的工作帶來巨大影響。

或許未來穩定的工作，只會愈來愈像遙遠的古老傳說，可言傳，但再也無法意會。

## 追求韌性，而非穩定

前面談到大部分穩定的工作，根基其實沒有想像中牢固，即使進到一間人人稱羨、現金充足的大公司，仍有可能在一夕之間裁員。二〇〇八年金融風暴和二〇二三年股市大跌和裁員潮，全世界都看得到這樣的現象四處發生，就算沒有裁員，老闆或上位者的決策也可能產生巨大改變，讓原先的理想工作變得不再完美。

但做為員工，無法按照自己的意願，改變這些決定，若想保住唯一的飯碗，就得概括承受。

### 職涯上的痛苦，多半源於缺乏彈性

還在當上班族時，曾有份工作，進公司第二年，突然宣布要換辦公室，於是我的通勤時間從二十五分鐘變成一‧二小時，每天上、下班要花這麼多時間塞在車陣裡，真的讓人筋疲力盡，若想繼續待在這家公司，又不想增加時間成本，就得額

外增加費用成本，租一間離公司近一點的住處，只是無論做哪種選擇，最後得到的都比過去少得多，所以撐不了多久，我就決定另謀出路了。

我的經歷挑戰性還不算高，解決方法都算容易。有些人的人生正面臨更艱難的挑戰，例如肩負照護者的角色，沒辦法從事朝九晚五的工作，或者有些公司知道他們的狀況，而不願意雇用，因為他們無法全天候為公司賣命。

我始終認為這樣的想法很可惜，因為他們仍是一群有戰力的勞工，某種程度上，時間的緊迫，反而可能讓他們展現出更強大的時間與專案管理能力，可是卻因為無法上班八小時，就讓這樣的戰力逐漸流失，直到他們完全與職場脫節。

這些群體成為這種體制下，被閒置、犧牲、忽視的人，往往讓他們失去自信，不敢再妄想自我實現。

看著身邊一些能力超群的朋友，只因遇到人生挑戰，就被迫從職場下車，真心覺得好可惜，也覺得若能有更多元、豐富的工作型態，或許能讓這些人，不用在當下感到徬徨無助，找到人生的新方向。

## 與其追求穩定，不如追求彈性和韌性

世界的局勢、人生的變化，往往出乎我們的意料之外，尤其近年來科技的發展愈來愈快，未來對職業的影響也只會愈來愈多。若是過於執著，非要找份穩定的工作，恐怕很難適應將

來的世界。

　　投資理財時，都會謹記要分散風險，但穩定的工作在我看來，就像把所有資本全押在單一個股上的行為，當黑天鵝襲來，公司被迫縮編、裁員，生計馬上就會面臨沒有著落、即將斷炊的命運。

　　因此，與其追求穩定的工作，不如追求彈性和韌性，讓自己無論身處哪種情境，都能快速調整，找到全新出路。

　　我認為自由工作者是能兼具賺取收入、韌性職涯、彈性生活的「最小可行模式」，無須龐大資金就能馬上開始。只是正如自序所述，我不會刻意忽視自由工作的缺點，無腦吹捧自由工作者的優點，因此接下來，我會潑個冷水，戳破幻想泡泡。讓你以務實的心態，建立自由事業。

# 你誤會自由的真義嗎？

　　距離塑造美感，我們總會戴著夢幻濾鏡看待不熟悉的事物，創造出朦朧唯美的模糊想像。有色眼鏡形塑出來的幻象，再和自己所處的現實生活兩相對照，就會顯得自己的人生充滿禁錮，別人的生活沒有束縛。

　　就像每個人都覺得別人的皮膚格外細嫩，只有自己的毛孔特別粗大，但這種差距，很可能只是源於觀察事物的焦距。

## 自由工作，還是要做討厭的事

　　疫情來臨時，和一位失聯許久的同學重新搭上線，彼此交換了近況，聊到工作有沒有受到疫情影響。我說現在是自由工作者，做 B2B 事業，當然也有受到疫情衝擊。他一聽到關鍵字「自由工作者」，興奮到跳起來說：「哇！好羨慕啊！這是我夢寐以求的工作啊！」

　　我很習慣這種熱烈反應，每當有人得知我脫離體制，都會有類似的回應，帶著一絲祝福和羨慕，對我說：「妳每天都去咖啡廳上班嗎？感覺很愜意耶！」

自由工作者在許多人眼中是一個我行我素、每天都去咖啡廳上班的自在身分，好似我們的主要職責是扮演那樣的角色，而非執行專案本身。我能理解這些沒來由的想像從何而來，多數人從未體會過這種生活，只能看到表象。

　　雖然我覺得自己確實很幸運，能以相對自主的方式從事擅長的工作，但自由工作不等於可以只挑自己喜歡的事情做，即便大部分都是自己喜歡的，仍會遇到不有趣的人事物。

　　自由工作者拿回過去賣給老闆的自主權，當自己的老闆，但相對的，代表沒有人能幫忙處理雜事、行政、跑腿、開發客戶、提案、報價、簽約、談判、處理客服、算錢記帳、催債討錢，除非你有餘裕外包出去，或另聘小幫手，否則這些都要自己來，校長兼撞鐘，執行專案只是接案過程的一小部分。

　　我對做這些事情完全沒有怨言，因為我知道這些瑣事雖然繁雜，卻是自主權的一部分，可以從中得知每個專案的成本結構和利潤、客戶的喜好需求，看見努力確實有所回報，不用擔心勞動成果被別人收割。

　　戳破自由工作的夢幻泡泡雖然很掃興，但我覺得擁有這些認知很重要。我無意抹黑職場，更無意鼓吹每個人都該裸辭當自由工作者，這世界上的每個崗位都有其意義，絕對需要各行各業的專家存在，而我只是同時經歷過不同工作，然後發現自由工作者的形式很適合我而已。

　　有些人仕途順遂，用不上這些知識，或覺得我的經歷不符

　　　　　　　　　　　　不上班，每天工作 3 小時的自由生活

個人經驗，都無所謂，但如果這些分享能幫上忙，我寫這本書的目的就達成了。

總之，自由工作不代表想幹嘛就幹嘛，只代表不受雇於特定雇主，不受雇主約束，自然也得不到雇主的協助和保障，這些空缺就得自己填補，要如何看待這件事、賦予其正面或反面的意義，就見仁見智了。

希望有意投入自由工作的人，不要戴著濾鏡看待這種工作形式，認識任何一件事都該了解正、反兩面，才能在未投入前進行全面分析，進而判斷適不適合這種生活。

## 沒人管不一定輕鬆

除了「自由工作者都可以做自己喜歡的事」的迷思之外，「沒人管，一定很好」則是另一種常見的誤解。

如果在制度嚴格的公司上班或遇上控制狂主管，的確會讓人很鬱悶。記得有次聽大學同學抱怨，說她的主管會在午休時間結束時，站在辦公室門口計時，看誰晚進辦公室，連一、兩分鐘也會斤斤計較，讓大家無時無刻都繃緊神經、戰戰兢兢。

另一個同學的前老闆甚至會干涉她的穿衣風格，說她的打扮不夠有「女人味」，讓她當下氣得咬牙切齒，但又不能回擊，只能悶在心裡。

你可能會覺得上述故事頗為極端，但有時真實人生就是比

小說還離奇。他們剛進公司時，都以為可以一展長才、專心做事，直到待一陣子才發現異樣，卻往往到了不能說走就走的地步，畢竟選擇進入該家企業工作，就代表那已經是當時可觸及範圍中最好的選擇，離職的機會成本太高，只能暫時忍耐，伺機而動。

我的職涯中從未遇過控制狂主管或制度苛刻的公司，但我是個很需要了解工作意義的人，若只是純粹派發任務，不知道為什麼要做這些事的話，我很難開展任務的規劃和執行。

雖然大部分主管會耐心說明，但也有主管覺得我很有想法（難搞），對我咆哮過：「不要問那麼多，做就對了。」

我能理解他的壓力，也知道他覺得我不夠服從，確實沒有必要為了我一個人，提供客製化的說明，可是一昧的順從會讓我覺得自己在組織裡只是傀儡，而不是我。那一刻會覺得自己身處一個荒謬的情境：明明是因為「很有想法」而錄取，就職後卻因「太有想法」被貼上不服從、難搞的標籤。因此步上自由工作一途，根本是自然而然的事。

當了近五年的自由工作者之後，少了很多干涉固然開心，但發現有時沒人管不見得是好事。

沒人管，就要自己訂立工作目標、專案時程、把關作品品質，若遇到緊急突發狀況，必須獨自想辦法應對處理、掌握進度，向客戶匯報。胸有成竹的案件也許還好，但就算是再有把握的工作，也常會有意外狀況發生，例如客戶突然改變計畫、

更改方向、有緊急活動要幫忙，或是怎麼做客戶都不滿意等窘境，這些狀況都要自己處理。

而且有時候會像上天開玩笑似的，一夕之間，突然每個客戶都有狀況，就得想辦法調配時間、一一處理，也要學著在不得罪客戶、盡量不違背原則和底線的情況下，滿足他們的需求。

由於我是個怕麻煩的人，事前都做許多準備，也有很多檢查機制和向上管理的技巧（詳見第三章）。但偶爾還是會逞強、犯錯、得罪合作對象，只能在不斷地檢討、反省後邊做邊學。

接案兩年後，已經不太會手忙腳亂，也比較少遇到突發狀況，但一旦再次發生，就不免會懷念起以前有主管出面處理、和同事分攤工作、共患難的職場時光。

提前了解這些可能發生的事情非常重要，同樣的狀況擺在不同人面前會有不同反應，有些人頭都洗了，才發現自己很討厭獨自處理這麼多事情，若能事前了解自己是哪一種類型，相信能少繞路、縮短試錯的時間。

## 在家工作真的很爽嗎？

身處體制內的人對自由工作者最常見的誤解，除了前面講的之外，還有「在家工作一定很爽」。

雖然我相信經過二〇二一年五月的三級警戒之後，一定讓很多人對於在家工作的幻想完全破滅，尤其是家庭成員不只一個人時，相互干擾的情況下，根本難以專注，不過，我還是想分享一下關於「在家工作」的迷思和現實。

## 迷思一：可以睡到自然醒

理論上，在家工作確實可以睡到自然醒，認識的同行中，有些人每天都睡到快中午才起床，下午兩、三點才開始做事。但這和每個人的體質、工作性質有關。我試過很多睡眠時間與工作時間的組合，後來還是覺得固定時間睡覺、起床，工作最有效率。

剛開始自由工作時，新官上任三把火，熱情滿滿。當時每天七點半起床，八點開始工作，做到當天安排的所有工作量都完成為止。但隨著時間過去，我開始變得渙散，沉迷於YouTube影片（沒辦法，懸案、奇人軼事實在太好看了），往往等到十一點才動工，沒多久就到了午餐時間，基於健康考量，我堅持自己煮，時間就在備料、煮飯、吃飯、收拾之間流逝，於是又要等到下午三點，才能重回心流狀態。可是沒過多久，又要準備晚餐了。

這樣的生活過了一陣子，真心覺得實在太沒效率，也不喜歡把工作拖到晚上。不僅是因為晚上是難得可以和老公聊天的時光，也因為我的最佳狀態是上午十一點到下午四點，頂多硬

撐一下，極限是晚上六點，再晚就會無法完全專注。

　　後來我還是規定自己早上九點半前一定要起床，再怎麼拖，十點一定要開始工作，否則會一直不想做事，尤其婚後責任變多了，分配給自己的時間也變少了，必須限制自由，才能盡快完成任務。

## 迷思二：在家工作心情很輕鬆

　　當了自由工作者後，不必通勤真的不再感到煩躁，也可以一邊工作一邊吃早餐，不過畢竟工作和私生活的活動空間大幅重疊，有時在家會無法完全放鬆，即便有把辦公區域縮限在特定範圍，可是獨自在家工作久了，也會對眼前一成不變的風景感到厭煩。

　　而且在家工作，忙著忙著天就黑了，常常沒有和外界接觸，假設獨居的話，很可能一整天也沒有說話的對象，所以必須刻意外出，替自己製造活動身體、和人群連結的機會，才不至於讓身心出現狀況。

　　這個煩惱感覺很「凡爾賽」[6]，而我曾經以為不出門沒有關係，可是人類遠比我想像中還需要群聚，仍必須藉由不同環境來轉換心情，尤其是三級警戒時，連續二十天沒有出門，整天除了老公以外，沒有和任何人接觸，後來為了拿慢性處方箋

---

6　凡爾賽的煩惱：表面上在訴苦，實則在炫耀。

才被迫外出，當下發現平時很擅於獨處的自己，原來也需要和人群接觸，原來我那麼多天沒出門也會感到鬱悶。這才懂得珍惜可以自由出門的日子，每一次出去散步、買菜、運動，都是格外珍貴的微小幸福時光。

## 迷思三：在家工作不用通勤，可運用的時間多很多

理論上這個迷思不能說完全錯誤，可是人性怠惰，往往會造成「時間莫名其妙流失，該做的事情還是沒有做完」的狀況。畢竟家中誘惑實在太多，和工作相比，柔軟的床、舒適的沙發都顯得更具吸引力。

沒有人在旁監視的壓力、不用擔心老闆和同事從背後走過，看見你電腦螢幕正在瀏覽網拍、YouTube，在家連裝忙都不必，自然而然就會產生「等一下再做」、「看完這個就去工作」的想法，以至於最後的下場就是加班。

儘管在家工作不必浪費時間通勤，也沒有無意義的會議和接不完的電話，可是真的突然多出這麼多時間，不見得會好好珍惜，總要花一段時日才學得會如何妥善運用時間。

# 離自由只差一步

　　雖然人都嚮往自由，但若真的獲得自由的機會，許多人仍會裹足不前。彷彿深入一座暗藏未知的祕林，不僅會囿於未知的恐懼，也可能被身邊的人攔阻。不過，若不勇往直前，這座祕林的黑暗面就是薛丁格的貓，束縛與界限，很可能只是我們的想像，並非現實。

## 想成為自由工作者，但被家人反對

　　嚮往自由工作者生活的人很多，真的付諸實踐的人卻很有限。但不朝著理想方向前進，不見得是缺乏勇氣，而是身邊的摯親不支持，為了不讓關係破裂、以和為貴，才選擇封存想望。

　　懂得照顧身邊親友的感受是很偉大的行為，在我看來並不懦弱，每個人心中重視事物的優先順序不同，以親情、友情為優先，只是個人的價值選擇，和勇氣無關。

　　不過，若是這麼做，仍無法澆熄心中的熱情火焰，也許就是面對順位要重新排序的時刻了。

正視內在渴望，不是要你現在就去拍桌大罵：「老子／娘就是要這麼做！」而是開誠布公地坦白自己的感受，也聆聽親友的真實想法。

## 反對不是他們真正想說的話

美國創業家潘蜜拉・史蘭（Pamela Slim）在《創業是人人必備的第二專長》中曾列舉反對創業的常見意見，包括：

1. 你的創業想法沒道理／行不通。

2. 你的新事業會害你賠光財產。

3. 你的創業計畫漏洞百出。

4. 你不具備成功創業家的特質。

5. 你會變心。

6. 你只顧自己。

這些反對意見都像利刃一樣傷人，但若冷靜下來就會發現，他們可能並非真心反對，而是不安感迫使他們採取較為激烈的對抗機制，希望用這種強烈的手段，阻止你做出讓他們不安的行為。

你該做的不是和家人對罵嗆聲，而是問出他們心中真正的恐懼究竟是什麼，從真切的溝通中，或許能看見自己沒想清楚的地方。

通常，親友們反對，原因多半和這三個範疇有關：

## • 錢

首先，這是無論有沒有家人反對都會遇到的最大恐懼：
「萬一錢不夠／現金流斷了，怎麼辦？」

一個人生活倒還好，若你是家中經濟主力，或至少負責一半收入，向家人說明清楚，減緩他們的擔憂就是必要功課。你的決定極有可能影響全家人未來的生活方式，而人對於改變現狀，都會擔心害怕，何況，這次的改變並非自願，出於本能地反彈也理所當然。

## • 生活方式

除了錢的問題，生活方式可能改變，也是藏在反對意見中的潛臺詞。

「我會不會要獨自扛下龐大家務？」

「我會不會要離開熟悉的生活圈？」

這些想像和煩惱都很實際，經常是人們遺漏的細節，家人願意多承擔一些家務、生活瑣事，甚至犧牲夢想，確保你能有充裕的時間衝刺事業，是你足夠幸運能擁有這樣的家人。

但若他們不願意改變現狀，絕對不是自私，或是不夠愛你，千萬別因此脫口而出：「你不支持我，是不是不愛我？還是看不起我？」這樣就是情緒勒索了。

對方不願意，很可能只是從現在能掌握的資訊中，感受不到任何好處罷了。如果他能從中獲益，例如你工作自由，就能

花更多時間陪伴對方、分攤家務，那就大方說出口，讓對方知道，變化不全然都是壞事，他也能享受到好處，相信對方一定會大力支持。

但如果沒有或從來沒有想過，這就是值得深思的問題，最好想清楚再和對方溝通。

## • 情感需求

有些人的擔憂既不是錢，也不是生活方式，而是害怕關係會改變。

「萬一太過投入，沒時間共度家庭時光怎麼辦？」

「我們的感情會不會因此變淡？」

這些心聲是這類擔憂背後常見的想法。

無論你覺得這些煩惱是否荒謬，一旦這些想法確實存在於你在乎的人心中，你就有義務替他們撥開迷霧，釐清問題。

面對這樣的回饋，或許共同約定雙方都能接受的模式會是比較好的選擇。

## 和家人溝通時要注意的事情

最熟悉的人往往最傷我們的心。雖然對方是親友，但不代表討論這種嚴肅的事情時，可以輕浮隨便。尤其此時的最大目的是希望獲得他們的支持，誠懇、認真、堅定和尊重他們的想法，都是必備的談話心態。除此之外，根據史蘭的經驗，你最

好留意以下事項：

## • 不要有過多的假設

1. 不要假設他們非常清楚你在想什麼。
2. 不要假設他們永遠不懂你在想什麼。
3. 不要因為他們是外行人，就假設他們無法明白事情的輪廓。
4. 不要假設他們持反對意見是因為瞧不起你，或不希望看到你成功。

## • 用詞淺顯易懂

用淺顯易懂的方式說明你的計畫，盡量避開專有名詞。你的目的是讓家人理解，進而支持，而非突顯專業。

## • 耐心

家人通常不會和你站在相同的認知水平，聽不懂你說的話很正常。把家人當作你的第一批顧客或投資者，耐心說明、細心解釋，別太心急。

## • 避免電子通訊

請盡量避免用電話、視訊、簡訊、訊息溝通。訊號不佳、網路速度太慢、打字時的暫時停滯，可能都會造成表錯情、會

錯意，導致不必要的誤會。面對面最直接，也最有誠意。

### • 避開閒雜人等

談話時，盡量不要有不相關的人或孩子在場，以免分心，或是被他人插嘴、幫腔，也能讓雙方更安心地說出心裡話。

## 我如何和家人溝通？

我很幸運，從小到大父母很少干涉我的決定。當我有意要轉職成為自由工作者時，需要溝通的對象只有老公而已。

由於從認識到結婚，我們倆都堅持財務獨立（AA 制），家務分工也很明確，因此，溝通總是很順利，沒有太多阻礙。

我很明確向他保證自己的決定不會影響到他，絕對不會讓他承擔我的生計。如果途中遇到困難，他願意幫我，我會很感激，絕不會將他的付出視為理所當然。若他有資助我，日後我必會一毛不少地返還。

如果他不願意協助，我也不會覺得他不夠意思，畢竟這是我的決定。若真的沒戲唱，我就二話不說，馬上去找工作。

當時和他約定的時間是半年，只要沒有起色，我就重回職場。但我的事業漸漸步上軌道，一轉眼，四年多、快五年就這樣過去了，真的很感謝他一路上的支持，要是沒有他，我鐵定很快就放棄了。

# 想當自由工作者，但還在猶豫是否該離職

　　有些人無法完成夢想是因為外在阻礙太多，但有些人的最大障礙卻是自己。過不了心裡這關，不代表懦弱或懶惰，很可能只是資訊不足，以致無法釐清心裡的疑惑，做出最佳判斷。因此裹足不前不是問題，問題在於「為什麼」裹足不前，不必急著批判自己沒有執行力，靜下心思考，面對真實的自己才是當務之急。

## 施主，這個問題要問你自己才對

　　部落格偶爾會有網友留言或私訊問該不該離職當自由工作者，每次收到這樣的問題，我都會套用周星馳電影《食神》的經典臺詞：「施主，這個問題要問你自己才對。」

　　你可能會想說：「我就是不知道才來問你啊！怎麼又把問題丟回來給我呢？」問題是，我不知道你的風險承受能力、對自由工作生活的期待和想像、是否具有某種專業能力，以及其他的個人資訊細節。

　　不知道這些訊息的情況下，若我還能直接回答「該離職」或「不該離職」，反而是一種不負責的態度，萬一下了指導棋，你照做了，結果卻不如預期，該怎麼辦呢？

　　關於自由工作者的生活樣貌、可能會遇到的問題等疑問，可以請教他人，但人生的重大抉擇還是不要外包給他人，要學

著自行判斷、做決定。

## 問題可能沒有你想像得那麼糟

自由工作最讓人感到不安的絕對是不穩定的收入，雖然這個問題幾乎一定會遇到，但並非無解，也不代表遇到了就會被打垮。有很多方法可以讓收入不要這麼不穩定，或縮短不穩定的時間，這部分的細節將會在第二章完整說明。

除此之外，大部分的煩惱都沒想像中可怕，可怕的是你不知道自己在怕什麼，要先搞清楚恐懼根源，寫下疑慮，才能一一破解。

你擔心自己辭去工作後，再也找不到這麼好的機會了嗎？

寫下來。

你擔心自己當自由工作者後，會窮到去睡公園，還沒有紙箱可以取暖嗎？

寫下來。

你擔心自己要花好幾年才能讓自由工作穩定嗎？

寫下來。

把所有疑問寫下來，記錄首先就能讓腦袋洩壓，也能把想法「客觀化」，有些人光是做到這一步，就能把事情想明白，但如果沒有也沒關係，還是有方法幫助你把疑問愈梳理愈清晰。

## 你都看到結局了，難道不嘗試扭轉嗎？

如果你眼前有一個小孩正走向餐桌，打算伸手拿桌上的過期糖果吃，你會不會阻止他？

先假設你會，並試著分析背後的原因：吃過期的糖果可能會腹瀉或生病，你不能眼睜睜看著悲劇發生。

換句話說，你就是那個小孩，過期的糖果是你的隱憂，如果你已經能辨識什麼是威脅，為何不事先預防呢？

擔心自己去睡公園？能否先攢下緊急備用金，以備不時之需？能否在去睡公園之前，替自己找份零工？

擔心自己要花好幾年，事業才能穩定？能否思考一下，如何讓客源穩定？能否請教前輩花多久時間才穩定？做了哪些事情才讓事業穩定？（這才是該問人的時機）

擔心辭職後再也沒這麼好的機會？但會不會有更好、更不同的機會？而且，如果這機會這麼好，為何還會有自由工作的念頭？是什麼東西鬆動了你的信念？有沒有第三條路可以走？

## 迷霧中的第三條路

有些問題之所以令人難以抉擇，就是因為我們將事情簡化成二元論，但事情通常沒有這麼清晰的界線，情感和需求也無法切割得如此分明，若試著切換視角，或許能在迷霧之中，找到潛藏的第三條路。

例如擔心辭職後會從此失去好機會，可是又渴望自由，第

三條路或許就是內部轉調，也可以試著和公司商討遠距工作的可能。

如果產業、職業特殊，無法照上述的方式做，可以考慮從斜槓開始，在業餘時間經營自由事業，等到業外收入超過正職薪水，再考慮辭職也不遲。

如果擔心下班後已無時間、體力，就利用週末假日其中一天，做為專屬的「副業日」，雖然可能進展較慢，但至少能兼顧自由事業、正職和休閒。

可以遵循美國一人創業家賈斯汀・威爾士（Justin Welsh）的建議：「你無須辭掉工作開創事業，只要每天抽出六十分鐘處理個人事業，用本業薪水滋養個人事業的支出，等到本業收入低於個人事業收入，再考慮辭職。」

假設以上方法還是無法讓你安心闊步向前，或許，你真的沒有那麼想要。

## 說不定，猶豫就是你沒有那麼想要

不知道你身邊有沒有一種朋友，總愛徵詢你的意見，但你給他建議後，他都有辦法找到理由反駁，告訴你：「這不行啦！」「我早就想過了。」讓你到最後忍不住嘀咕：「既然如此，幹嘛來問我啊？」

如果詢問親友該不該離職時，常出現這樣的反應，要不就是詢問前沒有詳述自己已經做了哪些努力、提供的資訊不夠充

分完整，要不就是你真的沒有那麼想要。

　　徵詢身邊親友建議時，最好先告知對方自己已經嘗試了哪些事情、思考了哪些做法，因為哪些事情卡關，再請他們指出盲點。資訊不片面的情況下，親友才能繞開不必要的路線，幫助你對症下藥。

　　曾在麥肯錫公司任職的自由工作者顧問保羅‧米勒德（Pual Millerd），接受知名YouTuber阿里‧阿卜杜（Ali Abdaal）訪問[7]時提到，他發現找他諮詢協助的人，面對自由工作者的不穩定生活，抱持著兩種截然不同的態度：一派是「我已經決定要離開現有模式，準備好領教你的建議了，來吧！」另一派則是擔心經濟和失敗。

　　面對未知，心存恐懼是人之常情，不過如果這種擔憂始終揮之不去，米勒德認為，這代表對你而言，自由的順位遠低於經濟的安全感。

　　當你發現自己會不斷下意識地反駁，認為自己做不到的話，也許此刻不是最好的時機，先讓計畫暫緩，等到時機成熟再開始。

---

7　Paul Millerd, Ali Abdaal (2022) How To Recreate Your Life And Career In 2023. Deep Dive with Ali Abdaal.

## 我如何下定決心轉職成為自由工作者？

成為自由工作者之前，我當然也猶豫過。和多數人一樣，我沒有富裕的家庭背景、沒有充足的存款、沒有顯赫突出的學經歷、每個月都要交房租，還有各式各樣的帳單。

考慮要不要開始接案時，煩惱了好一陣子。擔心自己沒人脈，客源不穩定，更擔心內向的自己無法順利招攬業務。

但後來我決定給自己一段時間嘗試，當作一場人生實驗，為期半年的時間，完全不找工作，看看自己能否以全職接案維生，如果真的不行，大不了重返職場，再找工作。

不過，現實生活不是童話故事，我也不是心志堅毅的強者，即便心裡這麼想，仍然感到徬徨，正式成為自由文字工作者之前，我做了一些嘗試、思考很多可能，最後才因為一個甜甜圈，安定了躁動不安的心。


## 我差點去賣便當

雖然我已成為自由工作者近五年，但一開始對於自己能堅持自由工作存活多久，真的完全沒有自信。如果當時有未來人穿越過來，告訴我：「妳不僅可以靠接案存活近五年，還會出書喔！」我一定會嗤之以鼻地笑出來。

畢竟這時代文字貶值得厲害，多年來行情無視通膨和最低時薪的規定，始終維持在一字二元的水準，甚至有下滑趨勢。

當時不認為自己能在這樣的環境下生存，更不覺得自己能成為特例。

面臨這樣不確定的環境，不可能從容面對，當時我開始思考，如果不去上班，想憑藉自己的力量謀生，除了寫作之外，我還能做什麼？

那時只要市面上出現和「創業」、「　人公司」、「自由工作」有關的書，我都會找來看。其中日本創業家暨暢銷作家佐藤傳寫的《自宅創業聖經》，提到一個尋找創業點子的方法，讓我印象非常深刻，就是問身邊的親友：「你希望我為你做什麼？即便是付錢也願意。」

這個問句讓我不禁好奇，會不會其實我擁有其他尚未開發的潛力？於是我在 Instagram 上問了比較親近的友人，結果超過九成的人都不約而同地說：「我願意花錢買妳做的便當。」只有不到一成的人願意花錢請我寫文章。

這個結果相當出乎意料，也頗為哭笑不得。我之所以開始煮飯，純粹是為了身體健康，偶爾拍個照上傳到社群和大家分享，實際經驗才三年多，一點都不專業。反倒是我花了很多力氣學習耕耘的寫作，居然如此乏人問津?!

震驚錯愕之餘，我還是冷靜嘗試分析販售便當的可行性。回想起過去當上班族的時候，時常看到一些年輕媽媽推著小餐車，兜售手做便當，一個一百元；也看過有人用 Facebook、Instagram 接單，每天就只做事先收到的訂單，再定點面交。

我那時想，若真要從事這行，或許是可以仿效的方法。但不算還好，一算發現餐飲業未免太辛苦了吧！

假設一個便當賣一百元，據說食材成本不超過 60% 較為理想，人事成本通常占 25%，剩下的 15%，就算我待在當時租的大套房煮飯，還需要額外攤提水電、瓦斯、專業生財器具、包裝等費用。表示我賣一個便當只能實拿二十五元，要賺到最低月薪（二〇一九年的基本工資為二萬三千八百元），一個月得賣九百五十二個便當。

若我和一般上班族一樣，每月工作二十二天，標準工時八小時，每天得賣出四十三‧二個便當，平均每小時要賣五‧四個便當。但吃飯時間通常集中在中午十一點～下午兩點和下午五點～晚上八點，等於一天最多只能賣六小時，我必須達到每小時賣出七‧二個便當的標準才能存活。

以一般商家的視角來看，這個門檻根本不算什麼，可是這只計算了販售時間，還不包含採買、備料、烹調，以及宣傳、接單的時間，即便我全部達標，也只能賺到基本工資，更遑論這些工作都得一個人完成。

一想到這裡，我果斷放棄了。既然無論是文字工作，還是賣便當，初期都會面臨到收入不穩定的問題，至少還是挑自己比較有把握、前期無須支出太多成本的項目開始進行。畢竟當時下定決心當自由工作者，就是希望能有更多時間調養身體，若最後還是用更多工時累壞自己，就與初衷徹底背道而馳。

儘管身邊親友肯定我的廚藝，可是要將這個技能變成一門生意，暫時還是算了吧。

## 一個甜甜圈的啟示

　　投入自由文字工作以前，我不僅起心動念去賣便當，初期還斜槓做了居家收納師，我的最後一份正職工作就是在居家收納服務新創品牌擔任行銷。可惜當時這種服務在臺灣還很新，而且旺季短、淡季長，難以支撐一間企業穩定經營的情況下，我只做了八個月就被迫離開，也在這樣的背景下起心動念，嘗試自由工作的生活。

　　居家收納公司任職期間，雖然才短短八個月，而且主要是擔任行銷工作，但也曾在旺季時，和第一線同事一起去客人家協助居家收納。次數雖不多，可是每次任務結束後，都覺得很有成就感，所以「恢復自由身」後，居家收納也成為自由工作的選項之一。

　　我先找了幾位摯友，透過免費幫她們整理房間，建立服務流程、找出可改善的地方，然後正式在部落格開設服務頁面，一邊招攬收納生意，一邊進行文字工作。

　　然而，理想很豐滿，現實很骨感，儘管這麼多年過去，我還是很喜歡收納，可是依然面臨旺季太短的問題，以及過程中，我發現這不僅是純粹的身體勞動，還包含情緒勞動的成

分，對性格內向的我來說，等同於雙倍的勞累。

執行任務時，所處空間是別人家，處置的物品也是別人的，安排的動線必須符合別人的習慣，因此需要大量溝通。由於很少有客人能夠空出一整天和我一起整理，導致每次任務通常必須在兩、三個小時內完成，非常緊湊，任務完成後，往往已經頭昏腦脹、精疲力盡，卻還要拖著疲憊身軀回家寫稿。

回想過去和同事一起出任務，之所以那麼愉快，大概是同事都處於主導位置，而我只是從旁協助的角色，不用承擔全部壓力。但要獨自完成任務，就是截然不同的心境和風景。

發現自己的條件和特質不太適合居家收納時，我接到的文字工作案件逐漸多了起來，慢慢開始變得穩定。思考要不要放棄收納工作，專注從事文字工作時，心中還是有著許多不確定和不安感：我害怕自己做錯決定。

某天下午，我從超市買菜回家，路上看到一攤賣臺式甜甜圈、雙胞胎、蔥油餅的小攤販，便買了兩個甜甜圈準備回家和先生分享。

站在攤前，空氣中瀰漫著糖粉的甜甜香氣，我看著攤主阿姨用布滿皺紋和麵粉的手，撐開白色吸油紙袋，俐落地用夾子夾起胖胖的甜甜圈，放進袋中，再找錢給我。這瞬間，不安感突然煙消雲散。

「阿姨的生意要準備這麼多生財器具，都可以小本經營，我有什麼理由做不下去呢？」我心想。

仔細思考甜甜圈攤的生意模式，需要攤車、食材和其他生財工具，只要味道不要太差，找到一個有學區、市場、社區的地點，若沒有其他競爭對手，通常都能經營下去。

　　雖然不排除我可能把人家生意想得太簡單、太容易，可是我的專長無須準備太多生財工具，也不受地域限制，只有招攬客人的問題，但每個商家、企業主都有共同煩惱，我又有什麼理由覺得自己不行呢？

　　那一個十元的甜甜圈，滿足了我的口腹之欲，也填補了我原本匱乏的自信，讓我得以帶著飽滿的信心，關掉居家收納的服務頁面，開始專注經營自由文字事業。

## 第 2 章

成為自由工作者前，

要做哪些準備？

# 客戶為什麼要發案給你？

> 「銷售業裡有句格言 ──『不能推著空車沿路叫賣。』（You can't sell from an empty wagon.）這句話意味著，如果想在銷售這一行出類拔萃，推銷的產品必須要有價值。因為潛在客戶購買前，必須要先認同產品的價值。」
>
> ── 湯姆・霍普金斯（Tom Hopkins）
>
> 《當客戶說不》

　　不少自由工作者下定決心接案後，都會使用接案網開發案源，一旦在某個平臺上接不到案子，就會認定該網站不好用，而非檢討自己的集客策略，思考客戶為什麼要發案給自己？

　　可能是因為你的作品太少、作品沒有展現出專業程度，客戶不覺得你能解決他的問題，甚至有可能是因為 ── 你開價太便宜。

# 沒有專業就不能接案？

雖然這是一本和大家分享如何開創自由事業的書，不過我向來不鼓勵大家貿然嘗試，正如前面所述，自由有其代價，認清事實後評估自身狀況，才是比較保險的做法。因此，我通常不隨便鼓勵別人做自由工作者，尤其是沒有專業技能的人。

## 為什麼不建議無專業技能的人接案？

接案就是創業做生意，差別只在於沒有註冊公司、沒有租用店面、沒有聘請員工（當然事業成長到一定規模，有些人會考慮進行這些項目）。既然是做生意，光付出專業技能是不夠的，因為專業只是生意中的一小部分。

使用專業解決客戶需求時，得先讓別人知道我們有利用特定技能，協助特定需求的人，否則沒人知道我們的存在，又怎麼會上門呢？

接案執業前，要先宣傳；執行專案時，還要溝通、回答客戶的問題；專案完成後，處理完款項事宜，才算真正結案。

通常接一個案子不足以維生，要同時應付多個案子才行，如何不忙到焦頭爛額、顧及每個客戶的專案品質、確保現金流穩定，也需要耗費額外的心神思考。

這麼義正嚴辭地呼籲，就因我差點被單純的想法害到付不出房租和帳單，多虧好心的客戶讓我預支款項，還有老公協助

墊付（後來全數還清），我才得以度過難關。

曾經天真無邪的我，以為自己開銷不大，每月三萬元足以生活，就確信只要接三個一萬元的案子，就能安穩生活了。結果證明，大錯特錯。

為什麼？

先複習一下前面簡述的接案流程：

確定接案 ⇨ 宣傳集客 ⇨ 溝通開會 ⇨ 簽約 ⇨ 預收訂金 ⇨ 執行專案 ⇨ 驗收成果 ⇨ 修改 ⇨ 申請尾款 ⇨ 結案

▲ 接案的基本流程。和專業技能有關的部分，其實僅占一點點，所以專業技能雖然很重要，但不是最重要的。

從上圖可以看到，專業技能只占整個流程中不到一半，而和專業技能無關的事項，則可能會遇到以下問題：

1. 去哪裡宣傳？

2. 如何宣傳？

3. 花多久時間宣傳？

4. 向誰宣傳？

5. 花了五個月宣傳才找到客戶，期間的生活費怎麼辦？

6. 有客戶上門，但報價沒過怎麼辦？

7. 報價過了，但對方不願意簽約怎麼辦？

8. 案子做到一半，客戶喊卡／不見／不滿，怎麼辦？

9. 案子做完了，但要三個月後才會入帳，怎麼辦？

10. 案子做完了，客戶不付錢，消失了怎麼辦？

以上十個問題都是自由工作者常見的困擾，基本上無論是以哪種專業技能招攬業務，都有可能遇到，而且實際情況絕對遠超過這十種。也就是說，擁有專業技能的人都要煩惱這麼多問題，何況是沒有專業技能的人呢？

以前收過一位網友的私訊，她過去沒有社群經營的經驗，但她決定以此做為自由事業核心，成功找到客戶，卻不知道怎麼報價，也不知道要如何簽約。

她的狀況突顯出缺乏專業的另一個大問題：容易錯估自己的價值和情勢，就容易削價競爭、無法適當地保護自己的權益。連簽約都不知道如何進行，若合約是對方所擬，又要如何判斷條約是否合理？更遑論向對方提出審閱和修改的要求。

這也是我認為先有職場經驗再出來接案會比較好的主因，即便不是每個人在公司都有機會接觸到簽約、談判的機會，但公司有一定的資源，如果有心學習，企業相對有比較多機會實踐，就算缺乏系統性了解，至少也有基本概念，後續再深入學習，便能比較快上手。

## 為什麼沒有專業技能也能接案？

前面寫得很恐怖，但不代表沒有專業技能就真的無法接

案。不鼓勵，不等於不行，正如前述，能否靠自由工作維生，專業技能和價格並非決定性因素，預期報酬、客戶需求和個人特質都是自由工作能否順利進行的關鍵要素。

### • 預期報酬會影響接案難度

每個人想當自由工作者的理由不同，有些人只想要人身自由，沒有要追求財富自由，能打平基本開銷就足矣；有些人是想賺外快，增加業外收入；有些人不僅要養活自己，還要扛起一個家庭。

若只是賺外快，代表另有主要收入，現金流的重要性就遠不如要養家的人高，降低獲客成本（取得一個客戶所要花費的金錢和時間成本）的壓力就沒這麼大，既然如此，嘗試不同的工作形式倒也無妨。

但如果要養家、完成買房和買車的心願，改善接案的每個流程就格外重要。

### • 客戶需求和問題的難度

一門生意要成立，在於能否解決客戶的問題。而客戶需要解決的問題五花八門、各式各樣，有些要排除具體的困難，有些只是純粹沒人手、分身乏術，急需有人分擔重複性高、機械性強的工作。

此時，具有專業技能的人可以協助企業排除具體困難，解

決難度較高的問題，進而獲取較高額的報酬；而沒有專業的人就能幫忙解決較無技術門檻的問題，以薄利多銷的方式，賺取相對較少的利潤。

如果無法替商家寫文案提升轉換率，至少能毛遂自薦幫忙上架商品、整理報表，從小問題開始起步自由事業。

像日本創業講師田中祐一在《低調創業》中提到，他早期是從協助一位創業家長輩處理需要使用電腦的工作而開啟個人事業，因為再怎麼簡單的事情，都有人不會，或是沒有時間處理。

近年來，美國也有像是 Appen、Gigworker、FlexJobs 等接案平臺，提供協助訓練 AI 辨識照片的零工機會，對於需要時間自由、無法離家上班的人而言，實為不錯的權宜之計。

但若要從事這類工作，就必須留意可能會遇到來自世界各地的競爭者、需通過英文考試才能申請工作，以及專案時薪不穩定的狀況。

### • 你有哪些個人特質？

成為自由工作者後，我發現世界上的謀生方式真的很多，絕非只有去公司上班、領公司薪水才是正途。前陣子租用共同工作室時，坐我旁邊的先生就以線上德州撲克選手為業，時常看到他聚精會神盯著螢幕，我便很少找他攀談，但他的職業拓展了我對工作的想像，原來世界上有人能這樣養自己、養小

孩、養活一個家。

只是他能以此為生，不代表我可以，因為我缺乏他的特質，反之，他也是。有些錢就是只有某些人才能賺，認清自己有哪些特質格外重要。

有人天生充滿耐心又細心，具有這種特質的人就很適合開拓線上助理、遠端助理的事業。國外有非常多創業家樂於外包行政工作給線上助理，協助會議、行程管理、收發電子郵件，甚至是送禮和購物，都有人願意聘請助理代勞。

臺灣雖然市場小，但根據經濟部發布的《二○二二中小企業白皮書》，二○二一年臺灣中、小企業數量高達一百五十九萬家，占全體企業98％以上。我們無須一網打盡，百萬家企業中，只要有幾家企業接受這類服務，若不圖家財萬貫，想靠接案養家餬口、賺點外快絕非天方夜譚。

就算沒有超強的專業技能，只要釐清報酬的期望值、客戶問題和需求，以及自己的個人特質，儘管可能相對辛苦，但還是有機會成為自由工作者，以彈性靈活的方式換取報酬。


## 除了便宜，你應該這樣定位自己

接案網、相關社團中，常可以看到接案者這樣介紹自己：

「大家好，我是 ×××，從事○○○的接案工作。如果各位老闆有相關需要，歡迎與我聯繫。我準時交件、價格可

議、提供無限修改次數，改到您滿意為止。」

也常看到不少自由工作者會以低於行情價的方式求案源，這些招攬業務的方式，每每都會在接案社團中，掀起熱烈討論。有一派人認為低價接案是削價競爭，會破壞市場；而另一派則認為資深的自由工作者無須和新手小白計較，因為客群定位不一樣。

雖然別人要怎樣做生意是他的自由，不過每當看到接案小白對資深自由工作者說「不用擔心自己生意被搶」時，都不禁莞爾，既然這些人知道品質不同、客群不同，為何不嘗試做出價格以外的差異化呢？

開頭提及的接案自薦文，儘管有嘗試用「無限修改」做出服務差異，但在我看來，仍是用自我剝削的方式來創造市場區隔。

除了便宜，自由工作者還能如何定位自己呢？討論這個問題之前，我想聊聊低價接案會產生哪些問題。

## 低價接案錯了嗎？

坦白說，低價接案沒有不行，能做起來都是生意。但我認為採取低價接案仍不是一個好主意，為什麼呢？

選擇採取低價搶市策略，通常都是逼不得已，畢竟誰不想開高價經營事業呢？某方面來看，這些族群也是無可奈何，採取這種策略，既簡單又粗暴，卻往往忽略了以下風險：

## • 沒有生產成本，仍有其他成本

許多自由工作者都有成本迷思，認為自己從事的不是實體商品買賣，所以「沒有生產、採購成本」，或認為這種成本極低。確實，自由工作者開啟事業時，往往只要有一臺電腦就可以開始，不太需要採購設備、開模、購買原物料，不過，自由工作者仍有許多隱形成本，除了看得見的電腦、工作空間之外，專業的累積與專案的溝通，全都是接案事業的成本。

假設你和我一樣以文字專業接案，你寫一篇文章只開價五百元，無論夠不夠資深，只要是甲方發案給乙方的文字專案，過程都會有許多人參與討論、給予意見，通常很難一次到位，往往要修改很多次才能結案。

假設修改兩次，每次修改需花費一小時，修改時間共計兩小時，加上開工前要了解專案需求，可能也會開會，或許這種會議需耗費一小時，會議後就算寫稿速度很快，用一小時就寫完，初稿、開會、寫初稿、兩次修改，仍需花四個小時才能結案，以二〇二三年基本時薪一百七十六元計算，這次專案得開價七百零四元才能打平時間成本。而你因為自認能力不足，開價五百元搶市，最後的結果就是倒賠二百零四元。

連打平時間成本都沒有辦法，更別說有多餘的錢進修提升專業能力。

雖然不是要你馬上開高價接案，客戶也是明眼人，若能力明顯跟不上價格，鐵定不會買單；但低價接案，更是直截了當

釋出「我能力不足」的訊號。

以行情價接案，同時努力利用金錢創造出來的餘裕，讓自己的品質追上價格，再提供多一點服務，反倒是比較好的做法。努力追趕的過程，不就是能力提升的過程嗎？

既能賺到足夠的錢，又能讓專業能力提升，為何要選擇對自己和客戶都不利的方式呢？

### • 讓利再多，客戶都覺得你暴利

殺價的客戶對自由工作者而言，可說是常態。就算你覺得退無可退，客戶可能還會繼續往下殺，彷彿不殺到見骨，誓不罷休。很可惜，客戶就是如此，永遠不會相信你已經無利可圖，畢竟賠錢生意沒人做，你卻還撐著、還沒翻臉，可見還有賺頭，而你之前竟然還想多賺他們這麼多，真是有夠暴利。

用低價吸引來的客人，最後會習慣便宜價格，認為低價、高 CP 值都是理所當然，等到合作一陣子，還會用人情向你一而再、再而三地情緒勒索，要你給老客戶更低的價格。

### • 低價＝低成就＋低意願

許多上班族戲稱自己的薪水是「精神賠償」，但為了虛幻的自由，而甘願領更低的精神撫卹，總讓我百思不得其解。

想當自由工作者，就是想要自主權，但如果沒有足夠的錢，就不可能有自主權。若以低價接案，代表要花更多時間工

作，尤其接案賣的是服務，不是大宗商品零售，每多一筆成交的訂單，就代表要多服務一個客戶，服務也是以時間交換而來，當生活都奉獻給工作，哪來的自主權？不就讓自己重新陷入被工作綁架的泥淖嗎？

低價接案會讓你忙了半天，卻拿到不成比例的薪水，美夢都成了惡夢，哪還有餘裕滋養持續下去的動力呢？

低價搶市會傷害市場是事實，但自傷卻是更值得關注的事。如果成為自由工作者的初衷是獲得更快樂的人生，這種做法顯然不會帶你邁向理想生活，反而會將你推向自己一手鑿出的地獄。

既然低價不是好的市場定位，興趣和熱情可以協助我們找到定位嗎？

很可惜，也不會。

## 為什麼用興趣和熱情定位不是好主意？

很多人都抱持著「想做自己有興趣／喜歡的事」才成為自由工作者，也會用這些概念做為自己的事業定位，但這種「熱情論」假設做喜歡的事情，「都會」做得很好；可是喜歡的事不一定擅長，也不一定會更有意願面對相應的挑戰和難關。

相反的，做得好的事，即便沒興趣，也不代表無法為你帶來成就感和快樂。

MIT 電腦博士卡爾・紐波特（Cal Newport）在《深度職

場力：拋開熱情迷思，專心把自己變強》中提到：「『熱情假設』讓人相信某處有個『適合』的工作等著他，只要他看到那個工作，一眼就能認出那是命中註定的完美工作。問題是，當他始終找不到那麼篤定的工作時，負面後果也會隨之而來，例如不斷換工作，甚至是懷疑自己。」

二〇二一年《哈佛商業評論》刊出一篇名為〈你的工作不必是你的熱情〉（Your job doesn't have to be your passion.）的文章，文中綜合許多研究報告，指出若將興趣化為工作會破壞自身對興趣的享受。

而《別做熱愛的事，要做真實的自己》一書裡，艾希莉·史塔爾（Ashley Stahl）提醒：「身為『消費者』和『生產者』是截然不同的兩回事，只因為我愛買衣服（消費者），不代表我應該成為一個時尚設計師（生產者）。快樂的消費者不見得一定是快樂的生產者。」

若你和曾經的我一樣，找不到事業定位，用「做得好但沒有太多感覺」的工作餵養興趣，或許是更明智的選擇。

## 找到擅長的事還不夠，記得縮小範圍

假設你和我一樣專長是寫作，光是以「文字工作者」自居還不夠，寫作包含純文學創作和商業文案，每種型態又有眾多分類和風格，例如純文學分小說、詩詞、散文，小說又能細分不同類型。商業文案中，即便是廣告文案，平面、電視和社群

廣告又各不相同。

　　雖然定位的分類愈細，潛在客戶數量會變少，但相對來說，市場定位就變得非常精準。

　　那麼，範圍要縮到多小呢？《*The Business of Expertise*》的作者、美國商務策略專家大衛・C・貝克（David C. Baker）建議，想做到「唯我獨尊」難度很高，競品定位範圍控制在十五～二十個比較剛好，若競爭者多過這個數字，就要再思考如何進一步突顯差異了。

## 我如何尋找自己的事業定位？

　　用文字說明如何找尋定位，看起來好像很容易，但其實我迷惘了很久，甚至寫這篇章節的當下，都不覺得自己完全確定定位。不過對比四年前，眼前的迷霧確實散去不少，更能看清前方的道路。

　　從小在寫作方面的成績還算突出，所以我一直以來都把文字工作視為未來的志向，雖然大學沒考到想讀的中文系，跑去念服裝設計，但出社會後，找不到設計助理的工作，繞了一圈，又重回寫作之路，結合大學所學，成為獨立時尚刊物的編輯。

　　時尚領域耕耘幾年後，獲得小小的成績，有人在 PTT 推薦我寫的文章，圈內陸續有一些人知道我當時專門寫臺灣的服裝設計師和時尚產業評論，開始指名我採訪報導，後來因病離

職時，甚至還有讀者察覺，到前公司的粉專私訊，問我是不是離職了。

可是從那時候起，我陷入長達八年的自我懷疑，我的作品被某群人注意，卻也同時被另一群人貶低商業價值，認為我的文章賺不了錢。那還不是個習慣內容變現的年代，而我對於步調快速的時尚產業，漸漸失去興趣，也認為自己缺乏產業的實戰經驗，以致文章總無法鞭辟入裡。

迷惘的我轉換跑道從事行銷工作，補足我欠缺的商業運作知識。二〇一九年，覺得自己總在職場不斷遇到類似的課題，也認為上班占據太多時間與心力，以至於一直疏於照顧自己，所以我決定在自己身上進行一場實驗。我給自己半年時間接案，看看到底有沒有能耐適應這樣的生活。

開始接案後，我再次面臨自我探索的難題，或者應該說，我被迫面對過去沒有處理好的課題：我不知道自己要往哪裡去。總覺得對很多事都有興趣，可是卻選不出最有熱情的那件事。我不知道寫作強項在哪裡，只知道我的文章賺得了錢，雖然應該不會發大財，但至少能糊口、維持生計。

我知道光是糊口鐵定不夠，如果不解決這個問題，沒辦法讓自己在市場上的樣貌更為鮮明，反而會使辨識度和記憶點都很模糊，這種狀態下，很容易落入削價競爭的邏輯裡，開始惡性循環。

於是我選擇做「擅長且已知能成功」的事，而不去賣便

當、當收納師或創立別的事業，即便我不確定自己到底最喜歡什麼；即便那時我很低潮，覺得人生一切事物都很徒勞，無論做什麼，都只是在尋找一個有價標籤，合理化自己渺小短暫的人生。

寫作這麼多種，要選哪些做為事物主軸呢？我再次結合過去的經驗，就是「寫作＋行銷＝內容行銷」做為事業主力，並以設計、時尚、文創產業中的新創公司做為主要客群。我很熟悉這個產業，而這些企業的規模可能沒有足夠的預算聘請全職員工，外包人員就是他們最好的選擇。

初步構思後，我便以這個簡略的定位策略開始接案。

不帶任何想法執行這個策略，持續一段時日後，我從接案狀況和客戶需求中找到一些線索，例如：我發現某些特定的服務購買率很高；我發現客戶特別喜歡找我寫特定的文風。

而且接案過程中，我一直持續探索自我、上課進修，我發現自己有特定的寫作「品味」與「價值觀」。

行銷領域強調要找到受眾的「痛點」，但我總覺得這種想法有趁虛而入、趁人之危的感覺，最後往往容易演變成利誘、洗腦，而非讓消費者清醒自主的選擇。雖然能理解企業盈利成長的需要，但這是我個人頗為在乎的價值，也希望自己能找到這樣的客戶。

這些發現都顯示出我已慢慢找到自己在市場上的位置：我主要替和「美」相關的產業，提供採訪、SEO 文章、內容行

銷等文字服務，以同理包容、誠實、言簡意賅的方式，協助企業推廣事業和理念。絕不強迫推銷，也謝絕負面行銷。

中國商業顧問劉潤在《底層邏輯》提到：「產品若型態一樣，定價應該要一樣。」像所有食物都能餵飽人、所有衣服都能蔽體一樣，找到功能優勢以外的情感價值，就能替自己創造市場差異和稀缺性。

情感價值不一定要是生命中最具熱情的事，可以和我一樣，只是對於某件事情堅守的價值，光是這個價值判斷，就足以讓你變得更為突出。

我花了一個下午替自己的自由事業決定功能型態，卻花了四年多才初步釐清事業的情感與體驗價值，而我相信，這場探索之旅還會繼續下去。

## 作品真的不是愈多愈好

開始撰寫部落格之後，偶爾會收到一些想接案的朋友們來訊。某次看到一封網友留言問：「我想接案，可是沒有作品集怎麼辦？是不是沒有辦法接案了？」

當時我回答他，如果時間充裕，還是準備作品集會比較好。為什麼？

## 為什麼要有作品集？

　　也許和成長背景有關，我大學主修服裝設計，所以「擁有自己的作品集」、「隨時準備自己的作品集」，對我而言是很稀鬆平常的事。

　　然而，正如我大學從沒寫過論文一樣（設計系的畢業門檻是交出指定作品），大部分從來沒有做過作品的人，自然不會本能地利用時間準備個人作品集。

　　準備作品集有什麼好處呢？為什麼接案要有作品集呢？

　　認識一個人通常要花不少時間，才能大概摸清這個人的個性、特色。缺乏時間、接觸管道的情況下，作品集將是別人認識我們的重要管道，也是建立信任的開始。

　　假設 A 和 B 要競爭同一個案子，都聲稱自己是文案高手，其中 A 有作品集，但 B 沒有，如果你是發案方，會怎麼做？

　　我想大部分的人都會先看 A 的作品集，看看他是不是吹牛，一方面驗證他說的話，一方面替自己節省時間。若他水準真的不錯，或姑且符合發案方的要求，通常都能很快確立合作關係。

　　而 B 的情況，雖然不能斷定沒作品集一定接不到案，願意給新手機會的客戶也不少。不過，應該會使客戶起疑心，擔心遇到一個空口說白話的人，畢竟如果真的很厲害，怎麼會沒有作品呢？

　　建議接案前，還是準備一些作品，節省自己和潛在客戶的

時間。

## 沒有作品怎麼辦？

你可能會想：「我就是沒有任何接案經驗，哪來的作品啊！」「我轉換跑道了，根本沒有累積相關的作品啊！」若你正面臨這樣的煩惱，別擔心，事情還是有解的。

### • 自發專案（Side Projects）

若有程式設計、網頁設計、平面設計背景的朋友，應該對自發專案不陌生，是利用業餘時間自發執行的專案。可以是開發一個軟體功能，也可以是寫幾篇文案，甚至是建立一個自媒體。

看你未來想要接什麼案子，就能以此為主題，推出一個自發專案。例如想接廣告文案，但從來沒有寫過，這時你可以找身邊已經有的物件，為它們假設市場定位並撰寫廣告文案，多寫幾篇，甚至做成一個系列，就是很完整的作品了。

### • 改善市面上現有產品

這方法和自發專案很像，但自發專案比較像是從無到有，現在要說的則更像是產品改良。

若你對某個產業、產品很感興趣，應該對該領域頗有涉略，也一定知道哪些品牌的產品立意良善，卻還有不足之處。

如果你真的找到這樣的產品，這就是你能發揮實力的所在。

例如你很喜歡 UIUX（使用者互動體驗設計），未來考慮以此為業，市面上不夠完美的平臺都可以是你的改造對象。又或者，你覺得某個商品實在不錯，可是文案很不吸引人，就可以改寫文案，使之更趨完美，重複這種做法，累積一定數量，也是打造作品集的方法。

### • 互惠接案

雖然我不太推崇這個方法，很多人不知何時該停損，因而開啟削價競爭的地獄之門。不過，這個方法還是有其優點，只要謹慎進行，還是能全身而退。

互惠接案就是不拿取金錢報酬，以勞務換取作品的方式。確實很多人起步時會採用這種做法，好處是能讓人快速累積實戰經驗，並實際體驗接案的流程、聆聽客戶的想法和回饋，相較於前面兩種做法，作品會顯得比較真實。

但若要以這種方式累積作品，建議要先蒐集「夢幻客戶清單」、設立目標和停損點，搞清楚不收錢的目的，是為了要學習什麼、體驗什麼，以及何時是停止互惠接案的時機。讓自己能以最短的時間，累積到最優質的作品集。

我先前想推出居家收納服務時，雖然沒有思考想去誰家幫忙整理，但我「有條件地」免費幫兩位摯友整理房間，先和她們談好免費的代價，是要讓我累積作品，並對外公開前後對

比照片，同時讓我實際在不同的空間、習慣、物品和時間中練習。大致掌握情況後，我就隨即推出正常收費的服務，沒有再削價競爭。儘管居家收納服務沒有繼續，但這套方法後來持續派上用場，做為我推出新服務前的練兵流程。

## 如何準備作品集？

好不容易累積作品，當然要全部放進去嘍?! 錯！作品集就是你的履歷，應該要展現好的一面，選擇放入精選作品，應有以下考量：

### • 能突顯精通某個領域、產業的知識

我認識一個平面設計師，他的客戶全是臺灣大型科技公司。而我是設計背景出身，所以設計、文創、藝術、時尚相關的文字內容，就是我的強項。

### • 最好的成績

能突顯出你過去所達成的成就，暗示未來的潛在客戶也能在你的幫助下，獲得相同高度。因此曾讓你業績最高、人流最多、得獎的作品，都可以放進作品集中。

### • 最具代表性的合作對象／專案

有名的客戶能幫自己加分，但有時專案本身比客戶有名，

這類型的作品也可以放。

### • 作品規模
專案有大有小，若曾參與過大型專案，相對就能對外證明你的實力足以執行大規模專案，也說明你的團隊協作能力。

### • 非主力但願意持續觸及的領域作品
我的主力和設計相關，但也不排斥寫其他領域的內容，像前幾年不知道為什麼突然有很多教育、科技，甚至重工業相關的案子上門，我也覺得藉著這些專案拓展視野很不錯，所以相關作品都有放進作品集，讓潛在客戶知道，除了本來的強項之外，還能處理不同議題。

## 我準備作品集的方法
我不是特別勤勞的人，通常半年才會更新一次作品集。除了依照前述的考量整理之外，若我覺得某些作品的水準，已經不符合現在的能力，我會果斷刪掉。

此外，由於很多作品都是數位文章，有些刊載文章的平臺，時間久了會改版，甚至關站，導致網址失效，所以我會用 GoFullPage 之類的全網頁截圖軟體，或是用微軟的瀏覽器 Edge，點選右鍵，選取「網頁擷取」，保存整個網頁的圖檔，避免發生網址失效的問題，也讓作品能以縮圖的方式呈現，更

顯簡潔美觀。

　　至於作品集要放哪比較好，我看過很多種做法。有人在 Facebook 和 Instagram 展示，有人用雲端資料夾整理，也有人用 CakeResume、Medium、痞客邦等免費平臺發表。

　　我採用 WordPress 自架站的方式呈現，自架網站能按照自己想要的樣式打造作品集，不會被平臺規則限制，而且搜尋引擎最佳化（search engine optimization，SEO）也有助於讓作品被更多人看見。

　　不過，由於部分客戶有商業機密的考量，不便公開展示，這類型的作品，我會整理成 PDF、壓上浮水印，有必要時，再讓潛在客戶在會議現場快速瀏覽。

　　每個人的時間、能力和需求都不同，只要能充分展現個人特質、專長和成績，用什麼方式整理作品集都任你發揮創意！

# 談錢傷感情，不談錢傷薪情

　　「金錢是一種結果。財富是一種結果。健康是一
種結果。生病是一種結果。你的體重也是一種結果。
我們活在一個有因有果的世界。不管你得到的結果是
什麼，是窮是富，是好是壞，是正面還是負面，你都
應該記住一個道理：你的外在世界只不過是你內在世
界的反映罷了。如果你的外在生活過得不好，那是因
為你的內在生活不順遂。」

　　　　　　　　　　——哈福・艾克（T. Harv Eker）

　　　　　　　　　　《有錢人想的和你不一樣》

　　自由工作者不穩定的收入型態，讓不少人打退堂鼓或中途
放棄。但不穩定是一種結果，也許我們可以回到形成結果的主
因上進行調整，或許就能有不同結局。例如：調整害怕談錢的
心態，或者重新認識成本、稅金與錢。

## 遇到疫情，才知道工會有多好

二〇一五年，第一次當自由工作者時，我什麼都不懂。不懂財務，不知道離職後怎麼處理勞健保，過去每一份工作都是無縫接軌，沒有絲毫讓我察覺異常的空窗期，反正資料交給公司人事就會辦好了。

過去的我就是如此天真。

以致於初次當自由工作者時，根本沒意識到該加入工會安頓勞健保，半年後因經營不善、被迫重返職場第一週，就收到各式各樣的催繳帳單。

二〇一九年，我開始第二次自由工作生涯，雖然一樣是計畫之外的決定，但也算有備而來，我知道該加入工會，也知道該加入哪個工會。

多虧「出道」前，我曾無意間讀了自由作家劉揚銘寫的《離開公司，我過得還不錯》，書中提到他加入藝文工會，所以我也當起學人精，加入一模一樣的工會。

### 加入的注意事項

以藝文工會為例，申請資格、方式在工會的官網都詳列得非常清楚，我就不再贅述，但有五件事情，是我認為需要特別提醒的重要事項：

1. 一定要本人親自前往辦理。

2. 現場需要繳交三個月的費用，最好先到官網的「入會資訊」，找到「保費試算」頁面，試算現場大概要繳多少現金，以免無法辦理。

3. 攜帶工作證明，像是合約、委託書等。若工作是透過電子郵件、通訊軟體訊息委託，記得列印信件往來、對話紀錄，以茲證明。

4. 現場填寫聲明書：工作人員會拿範本請你抄寫，聲明你帶去的資料都是真實的，絕無造假。

5. 前單位健保轉出單：如果你自願離職，可以向前雇主／上一個任職單位索取。但如果和我一樣是無預警失業，或是公司已經解散，以致無法取得轉出單，就要自行前往健保局辦理。

工作人員會先將你的健保轉入戶籍地區公所，再幫你轉到工會，但你要先確定申請工會的日期才行，否則會有一段空窗期，就要補繳錢。

例如預計十月七日去健保局申請加入工會，就要告知將會在那一天到新單位報到，這樣才能順利銜接。

辦理當天記得帶身分證、身分證正反面影本、印章、健保卡，也要記得準備一些現金，因為視個人狀況，可能需要當場繳納健保欠費。

## 加入工會哪裡好？

每個工會福利都不同，但通常會有以下優點：

1. **政府補助 40% 勞健保費：**有固定雇主的話，一般健保會由雇主負擔 60％、政府補助 10％、勞工自行負擔30％；勞保則由雇主負擔 70％、政府補助 10％、勞工自行負擔 20％；但自由工作者沒有固定雇主，就得和政府四六分。

2. **可以享受勞保給付的五大保障：**遇到生育、老年、疾病、職災、死亡、殘廢等狀況，皆可申請給付，有些工會甚至還提供結婚津貼，只要入會一年，沒有欠費，就可以申請。

3. **免扣繳二代健保的「2.11% 補充保費」：**只要提供工會證明，薪資所得超過二萬元，就不用扣除補充保費。

4. **三年七萬課程補助：**只要有在工會投保就業保險、勞工保險，且年滿十五歲，就可享勞動部勞動力發展署推出的「產業人才投資方案」，每三年可享七萬訓練補助費，幫助技能提升。

上述好處中，我最有感的是免扣繳二代健保補充保費，還有未提及的**免費法律諮詢服務**。

單看補充保費 2.11％，好像沒多少錢，但遇到請款時，就會超級有感。想想看，當你好不容易接到一筆二萬元的單，結果要交四百二十二元出去，豈不是很冤？

雖然有人會把這筆費用當作沒有加入工會的代價，但我認為能提出工會證明，對客戶而言會比較安心，因為這能證明你確實以此為業，就像某些自由工作者做到一定規模，就會去註冊公司一樣，大部分企業就是比較願意和企業往來，不僅較能讓人信任，請款程序也較為順暢。

　　另一個讓我慶幸有加入工會的福利是免費的法律諮詢，無論現在是否在接案，應該都對接案的各式糾紛時有所聞。許多自由工作者面對這些狀況時，因為勢單力薄，往往只能上網求助，或是當作花錢消災，摸摸鼻子自認倒楣。

　　但若有加入工會，大部分都有提供法律諮詢服務，我就曾經使用過藝文工會的法律諮詢服務，解決了合約糾紛。

　　當時我準備和一間公司簽約，合約由對方擬定，但條文愈看愈不對勁，我卻說不上哪裡有問題，於是抱著滿腔疑問聯絡工會，預約法律諮詢。

　　這段故事的細節將會在第三章詳述，總之後來在工會的協助下，順利地請律師幫忙看合約中我認為不合理的條款，他也耐心解釋說明，讓我有了足夠的底氣重新談合約內容，不再一個人乾著急，而這一切都是免費的。

　　上述兩個福利惠我良多，而歷經三年疫情，也讓我大嘆還好有加入工會。（寫到這邊覺得好像業配，但真的不是）

　　　　　　　　　　　　　　不上班，每天工作 3 小時的自由生活

## 大疫來時見真章

二〇二〇年，事業正要上軌道、漸入佳境時，大疫卻突然來襲。當時人人搶著自保，我也因此丟了幾個案子，收入一度只剩下新臺幣一萬三千五百元。不過那時我盡力保持樂觀，轉念告訴自己：「至少你還沒徹底歸零，已經不錯了。」而且我有加入工會，可以申請紓困補助，一解燃眉之急。

那時每個自雇者都想獲得紓困補助，有些沒加入工會的人在相關社團抱怨為何不能申請紓困，甚至說「每個月賺這麼少，還要繳工會費根本不合理」等。

雖然能理解他們的心情和想法，但要推動政策改變，首先就得要浮出水面讓人看見自己的存在，該盡公民義務時，盡好本分。平時不讓別人知道自己的存在，成為「黑數」之一，編列預算時，自然沒有份額，此時再跳出來大喊不公平，讓平常守規矩的人情何以堪呢？

## 沒賺多少錢，還要加入工會嗎？

當然，我知道有些人不是故意成為黑數，而是真的沒有賺太多。這些人可能不是家中經濟主力，從事自由工作只是幫忙補貼家用。又或者，接案月收入剛好達法定基本工資的標準，加入工會每個月要支出近三千元，負擔勞健保和會費，可能真的吃不消。

不過，端看個人著眼的角度為何，許多人符合資格也選擇

不加入工會，自願放棄權益，雖然平時不用多繳錢，但有需要時，例如發生意外無法工作時，沒在職業工會投保，就不能請領勞保職災給付，由於沒有繼續累積勞保年資，退休後也沒有勞保的老年給付，就看個人能否接受了。

## 該如何找適合的工會？

我是文字工作者，所以加入的是臺北市／新北市藝文工會（雙北同一家），不過現在的工會種類很多，像是新成立不久的網路自媒體從業人員職業工會，也很受歡迎。

若你的產業皆未包含在這兩個工會裡，且居住地點在雙北以外的縣市，可以到各縣市地方政府勞工局網站查詢，或直接去電洽詢，不然看工會清單，真的會看到眼睛脫窗啊！

## 稅務很複雜，但學會才懂報價

相信很多人打開這本書是為了學報價技巧，但在報價之前，必須先了解成本結構，稅金也是其中之一。因此，先對稅務有基本概念，才不會在辛辛苦苦做完專案後，發現實領金額和預期有落差而大失所望。

## 自由工作者要繳什麼稅？

一般上班族要繳薪資所得稅，自由工作者沒有固定雇主，

是憑藉特定技藝維生，所以要繳納「執行業務所得稅」，而這當中，會將不同的業務所得分成三種課稅項目，分別是「9A執行業務所得」、「9B稿費」、「50非固定薪資所得」。

### • 9A 執行業務所得

如果主要業務是醫師、律師、程式設計師等「師」字輩的專業人士，申報所得代號就適用9A，但隨著時代發展，愈來愈多獲利模式和新興行業，若不清楚自己是否適用，可上網搜尋「財政部執行業務者業別代號對照表」，看看自己的業別有沒有名列其中。

之所以要確認業別，在於不同的執業項目，收入不同、成本不同，因此課徵的費用率也不一樣，由於業種繁多，無法一一列舉，可至國稅局網站「執行業務及其他所得專區」，查詢「年度執行業務者費用標準」。

這個費用標準的意思是，各行各業執行業務時，一定都會有成本支出，但每個人狀況不同，財政部每年都會提供最新版本，以符合當時的物價狀況，也方便民眾計算，不用再自行列舉，除非成本比費用標準還高，自行列舉才會比較划算。

### • 9B 稿費

若你和我一樣以文字謀生，就會很常見到這個申報項目，另外，作曲、編劇、漫畫、演講，也適用於這個申報項目。

9B 稿費在這三大類別中非常特別，每年有十八萬免稅額度[1]，也就是說，全年度稿費總收入沒有超過十八萬就不用扣稅；若超過十八萬，可先針對超過的部分列舉成本，剩餘的部分才是扣繳金額。

看起來好像當文字工作者很爽，但事實上不是每一種文字工作都可以申報 9B 稿費。目前稿費的認定範圍非常狹隘，必須是刊登在報章雜誌等實體刊物上，或是自行創作後，讓售給他人刊登的文字作品，才能申報 9B 稿費。[2]

SEO 文章、社群文案、行銷文案、平臺邀稿等文字作品，由於專屬性（專為特定企業、組織量身打造）、從屬性（接受指揮和監督），會被認定為「一般勞務報酬」，應以「50 非固定薪資所得」申報。

演講也是類似的邏輯，收入不一定能申報 9B 稿費。研討會、會議、活動營、座談會、課程研習、培訓等收入，皆屬於「50 非固定薪資所得」。[3]邀請專家學者到禮堂、演講廳、廣場等大型公眾集會場所，分享專題演講，或心得感想、視野等演講型態，才能申報 9B 稿費。

---

1　參照「所得稅法第四條第一項二十三款」。
2　參照「所得稅法施行細則第八條之五」、「財政部 68.05.11 臺財稅第 35590 號函釋」、「財政部 86.02.26 臺財稅第 861880788 號函釋」。
3　參考「財政部 74.04.23 臺財稅第 14917 號函釋」、國稅局（民九十四年六月）《所得稅扣繳實務》、「國稅局大安分局九十六年十一月九日財北國稅大安綜所字第 0960215560 號函釋」。

## • 50 非固定薪資所得

除非符合前面的條件，否則大部分自由工作者的收入，都會以代號 50 的非固定薪資所得申報。這個項目包含一般上班族的年終獎金、三節獎金，非雇傭關係的話，則包含臨時工資、鐘點費。

如果這筆費用在一個月內超過八萬六千零一元，根據民國一百一十一年度標準，會被預扣 5％，若未及這標準則免扣繳。[4]

## • 還有這些稅要注意

前面提到的 9A、9B、50 是將不同的業務分類，再依照不同類別，課徵不同稅率。除了依照業務內容課稅外，單筆金額超過二萬元，也會另外扣繳「代扣所得稅 10％」和「二代健保 2.11％」。

也就是說，如果一個案子報價二萬五千元，會先被扣二千五百元（10％）和五百二十八元（2.11％），最後到你手上的只有二萬一千九百七十二元。如果對方再狠一點，搞不好連匯款手續費十五元都直接從你的費用裡扣。

如果想實拿特定金額時，千萬記得先把稅額算進去喔！

---

4　參考財政部一百一十二年度薪資所得扣繳稅額公告。

## 自由工作者節稅的五種方法

相信看到這裡，應該已經頭昏眼花了吧！怎麼有這麼多稅要繳，難道沒有方法可以節稅嗎？當然有，以下介紹五個小技巧，讓你減少荷包失血的痛苦。

### • 善用 9B

假設專案條件完全符合前述 9B 的門檻，務必提醒發案方協助申報 9B。有些企業外包經驗較少，會統一申報「50 非固定薪資」，但這樣就無法用到 9B 的十八萬免稅額度，非常可惜。

### • 加入工會

只要加入工會，向發案方出示工會的入會證明和加保證明，即便單筆專案金額超過二萬元，也不會被扣二代健保，因為你已經繳給工會，就不會重複扣繳。否則賺愈多，扣愈多，何必呢？

### • 拆單

有些同行會把超過二萬元的訂單，拆成兩張以上的單，並以訂金、尾款區分，這樣就能避開代扣所得稅和二代健保，但若要這麼做，也要客戶願意配合才行。

## • 服務方案設計

　　若客戶不願意配合，就只能從源頭改變，多設計一些低於二萬元的非客製套裝方案，既可以提供標準化服務，免去量身打造時會遇到的溝通麻煩，也能節稅。只是這樣就要花比較多時間經營不同客戶，未必比較輕鬆。

## • 一般扣除額（投資、扶養、捐贈）

　　這一點雖然和自由工作的本業無關，但如果平時有投資股票，每年繳所得稅時，股利盈餘也能扣抵。另外，若你上有老（六十歲以上）、下有小（未滿二十歲），也能在申報所得稅時，填寫扶養親屬；而平時如有做公益的習慣，捐贈金額也能扣抵所得稅。

## 賺到這個程度，就開公司吧！

　　臺灣採取累進稅率，就是賺愈多，繳愈多稅。一般人東扣西扣後，所得淨額通常在五十六萬以下，大多適用 5％稅率，再厲害一點，達到所得淨額五十六～一百二十六萬的門檻，頂多只會被扣到 12％。

　　但有些自由工作者特別厲害，被扣完一堆項目後，所得淨額還能超過一百二十六萬，此時稅率就得用 20％計算，到了這個程度，建議開公司節稅吧！

　　你可能會問，年收入要多少才能達到所得淨額一百二十六

萬的境界？

　　以民國一百一十一年度的扣除額標準來看，假設小明是自由工作者，單身未婚，沒有扶養親屬，所得淨額為一百二十七萬，計算方式如下：

**所得淨額＝所得總額－全部免稅額－全部扣除額－**

**　　　　　基本生活費差額**

一百一十一年度的扣除額標準：

全部免稅額＝ 92,000

一般扣除額＝ 124,000

基本生活費＝ 196,000

基本生活費差額＝ 196,000 － 92,000 － 124,000

　　　　　　　　＝ –20,000（結果為負數，當作是零）

換句話說，

小明的年收入為：127 ＋ 9.2 ＋ 12.4 ＋ 0 ＝ 148.6（萬）

平均月收入為：148.6 ÷ 12 ＝ 12.3（萬）

　　也就是說，若月收入超過十二萬，就可以考慮註冊公司（不是商號行號）來節稅，因為這時開公司的節稅效益會遠高於自營。

　　年營業額乘以擴大書審純益率[5] 6％後，淨利小於十二

---

5　國稅局為簡化查帳作業、減少調帳查稅的頻率，方便營業收入和非營業收入合計在三千萬元以下的中、小企業報稅，而訂定的申報標準，雖然每年標準有所浮動，但通常一般產業都以 6％計算。

萬，就完全不用被課稅，也就是說：

$$n \times 6\% - 12 = 0$$

$$n = 200（萬）$$

意思是，年營業額二百萬以下，都免扣所得稅。但未開公司的話，年收入一百五十萬，至少要被扣三十萬所得稅，光是所得稅就有如此大的差距，不得不慎。

當然，開公司還會有其他開銷，不會只有所得稅，但相對的，開公司能扣抵的項目也很多，江湖上總說開公司能節稅，真的不是純粹的傳言而已。

就算你現在還沒有這個奢侈的煩惱，也能先做功課，等到有天飛黃騰達，就能從容以對，以免辛苦錢全都拿去上繳國庫，雖然國家會感謝你，但錢包會恨你。

# 買這本書就是想學「如何報價」，對吧？

相信會看這本書的人，都是想知道怎麼靠接案維生，報價是不得不學的重要課題。怎樣報價才不會虧錢和被拒絕？本篇將層層說明，報價前應該思考哪些事！

## 怎樣報價才不會虧本？

說明如何才不會虧本之前，首先要了解「本」是什麼。「本」指的是成本，很多人以為接案工作者在家用一臺筆電工

作，就沒有成本，報價都憑感覺喊數字，感情用事的結果，往往就是入不敷出、虧本，愈接愈窮。

自由工作者不像實業得要生產商品，因此要負擔生產成本。自由工作者應該如何定義成本呢？可以分兩個層面思考：

一、現在的生活水準，需要由哪些事物構成？這些事物各自需要多少錢才能持續享有？（生活成本＝你的薪水）

二、要經營你的事業、完成客戶的專案任務，需要哪些工具、事物的協助？這些工具、事物各自需要花多少錢？（營運成本）

以上兩個項目相加，就等於最低營業額門檻，必須達到這個標準，自由工作的生活才得以延續；想要賺錢，就必須超過這個門檻。

接下來要一一詳細計算，看看實際經營一個自由事業，基本成本到底是多少錢？

• **生活成本**

不知道你是否有算過，自己一個月要花多少錢才能應付基本開銷？

一般生活中要支付的費用可分為八項：

1. 食：伙食、零食。

2. 住：房租、房貸、地價稅、房屋稅、水電、瓦斯。

3. 行：車票、車貸、油錢、停車位租金、維修保養費、牌
　　照稅。

4. 育：進修、買書、上課。

5. 樂：購物（含衣服）、旅行、娛樂。

6. 通信：電話費、網路費。

7. 醫療：健保、看診。

8. 保險：勞保、其他私人保險。

由於每個人狀況不一樣，生活開銷項目有可能更多或更少，帶入自己的情況計算即可。但無論如何，這只是自由工作者其中一部分的成本，就算你的生活成本很低，也不代表只需要賺到那些錢，就足以維持事業。

根據二〇二二年臺北市政府社會局公布的最低生活標準，個人的基本生活費為一萬九千零一十三元，假設今天真的有一人每月只需要這些錢，也只代表他的薪資門檻不得低於這個數字，不表示他能繼續接案，因為還需要加上營運成本，事業才得以延續。

### ● 營運成本

雖然字面上寫「營運成本」，但其實只是為了方便描述，會計領域中，正確的說法應該是「營業成本」和「營業費用」。

一、**營業成本**：又稱直接成本，代表每銷售一個商品，就
　　　必須付出的成本。包含原物料、直接人工、製造、包

裝、物流等項目。

二、**營業費用**：又稱間接成本。通常是指無論銷售如何，都一定要支出的費用，以維持事業正常運作，一般包含薪資、辦公室租金、軟體硬體、研發、管理、行銷、維護等項目。

許多自由工作者覺得自己無需耗費太多成本，大多是指「營業成本」，但經營自由事業也必須花費一定「營業費用」才能運轉，像是：

1. 你的薪水。

2. 辦公室租金，或是共同工作室租金。

3. 硬體：電腦設備、儲存設備、辦公桌椅。

4. 軟體：專案管理軟體、設計軟體的訂閱費、官網主機、網域費用。

5. 行銷：接案網會員費、廣告費。

6. 雜支。

7. 郵資。

8. 交通費。

9. 稅金。

就算你和我一樣是一個人經營，也多少要付出一些間接成本，只是金額多寡罷了。

雖然前面提及臺北市社會局公布的最低生活費，但想必很少有人真的只需要那些錢。接下來以小明為例，假設每月最少

需要領薪資三萬元才能生活，只要再加上以下的營運成本，就能算出經營一個像樣的自由事業，大概要花多少錢。

由於小明完全不生產實體商品，所以營業成本為零。而營業費用項目如下：

薪水：30,000 元／月

辦公室租金：7,000 元／月（在家工作可省略）

硬體：2,000 元／月

此金額為所有器材購買費用的總和後再攤提，假設器材共花費九萬六千元，預計所有器材都要使用四年（四十八個月）才會換，每月攤提費用為：96,000÷4÷12 ＝ 2,000 元。

軟體：3,000 元／月（專案管理軟體＋ Adobe 訂閱費＋網
　　　域、個人官網主機）

行銷：3,500 元／月（接案網＋廣告）

雜支：2,500 元／月

郵資：1,000 元／月

交通費：1,000 元／月

先不計算稅金，依小明的需求計算，每月生活成本和營運成本相加，合計為五萬元，代表他若想以這樣的水準生活、工作，每個月最少要賺到這個數字，才能順利讓自營事業運轉。

當然，你不必像小明在這麼多項目中花錢，可以盡可能找方法節省營業費用，但你不可能不花。所以計算成本，務必要列舉清楚。

### • 套裝服務策略

算出最低營業額後，就能思考如何為套裝服務 —— 提供勞務定價。但在此之前，必須先想好要提供哪些服務，才能搭配行情價，找到定價的合理區間。

套裝服務定價和一般想像中給客戶的報價不太一樣，套裝服務定價是「非客製化的服務」，客戶可以直接選購；報價則是針對客戶特殊需求提供的專屬價格。套裝服務可以想成是餐廳的套餐，報價則可以視為餐廳的客製化餐點。

通常套裝服務比專屬報價低，也能做為每次提供專屬報價的錨定標準。當然你可以完全不推出套裝服務，每次客人來都重新計算一次報價，但這樣效率不太高就是了。

小明希望事業能夠提高效率，現在要幫他算出套裝服務價格。

剛剛算出最低營業額為五萬元，代表如果接五個一萬元的案子就能打平，若每個專案五千元，他每月就要接十個案子才能達標。

只是，市場不總是照著預期走，較好的方式是以「槓鈴策略」制定套裝服務價格，找到最有把握、最有信心的服務，先向產業前輩諮詢，或在接案網看看經驗豐富的人怎麼設計服務和定價，藉此研究市場行情，再同時提供低價方案和高價方案，如此一來，一方面能確保客戶有多元選擇，不需要每次都重新報價，另一方面也能讓自己有較高的成交率。

但剛起步，建議套裝服務種類不要超過五種，每種服務的高低價方案加起來不要超過十個，因為一個人很難負荷這樣的工作量。

### • 套裝服務銷售量

有了最低營業目標和方案，就能算出目標銷售量。假設你有五種服務項目，每種項目底下，各有五千元和一萬元的方案，且每月目標營業額是五萬，表示每月就要銷售五個一萬元的方案，或十個五千元的方案，或三個一萬元方案，加上四個五千元方案。

看起來好像哪種排列組合都有可能，畢竟難以在一開始就準確預估客戶的行為。可是如果把工時納入考量，接案方向一下子就會變得很清楚。

假設小明和上班族一樣，打算每天工作八小時、每月二十二天，每月最高工時會是一百七十六小時，如果都只成交工時最少的套裝服務（十小時），最多可以成交十七‧六個案子。

看起來好像很不錯，但也要把體力和宣傳能力考慮進去。草創階段，口碑還沒做出來，要很快找到十七個客戶是非常不容易的事；就算找到了，是否有精力接這麼多案子和客戶也是一大問題。客戶太多，在這個階段很容易會忘記每位客戶的需求，最後把自己累得半死。（過來人經驗）

小明想了想，以他現階段的能力，能找到五個客戶就已經

很厲害了，而且他不認為自己現有的能力有辦法成交五次一萬元的方案。他可以考慮調整套裝服務的內容和銷售目標，推出五千元低價方案、一萬元中價方案、一萬五千元高價方案，並以下列項目為銷售目標：

一、一萬五千元高價方案，成交一組。

二、一萬元中價方案，成交兩組。

三、五千元低價方案，成交三組。

不僅目標變得容易很多，也有了努力方向，不會像無頭蒼蠅一樣，漫無目的地接案，卻不知道要接多少，只好球來就打，最後導致過勞。

當然過程中，一定會出現希望提供客製化服務的客戶，此時，再依據需求提供報價即可。

## 如何不憑感覺報價？

「提供報價即可」說來簡單，但會拿起這本書，想必就是對此毫無頭緒。久等了，本節終於要來細細說明。

### ・行情價

大多數產業都有行情價，例如稿費通常是一字二元。行情價是市場共識，對於某個特定產品或服務有共同想像和預期。例如滷肉飯分別是三十元和一百元，我們對於這兩種價格的預期會有所不同，如果不符想像，就會產生「好貴」或「好便

宜」的想法，這就是行情價的作用，也是每個接案者該研究的項目。

想知道行情價，可以詢問業界前輩，或上網搜尋「××工作的行情價」。臺灣好幾家人力銀行和接案網都有專文介紹。了解後，就會對自己要提供多少服務、定價有點概念。

除此之外，去接案網瀏覽評價高的同行，看看他們怎麼開價、提供哪些服務，再回頭檢視自己的能力水準和該同行差距有多少，如果水準差不多，也許就能直接參考他的報價，日後再針對自己遇到的狀況，逐步調整。

之所以無法在此洋洋灑灑列出各行各業的行情價明細，不僅是因為行業太多、工作類型太多，我力有未逮，無法知曉所有價碼，更是因為一旦寫了之後，可能造成反效果。

以文字工作來說，根據「中央政府各機關學校出席費及稿費支給要點」，就有明定一般稿件每千字只能給付一千一百元至一千六百元，相當於每字一·一至一·六元，遠低於商業刊物每字二元的普遍行情，更遑論每字二元的行情價也已經是無視通膨、不合時宜的陳年標準。

一旦發布行情標準，雖然能使初入行的人更容易報價，但對資深工作者而言，反而會成為「齊頭式平等」的萬年枷鎖。

上述中央政府各機關稿費的費用基準，其實有很長一段時間都只有每字一·四元，當時有許多機關的窗口，理解以這種價碼發案，很難找到人承接，但也無法擅自抬高價碼，以免未

來有人追究、質疑是否私下官商勾結。此事在部分立委奔走之下，終於在二〇二二年完成費率修正。

因此，就算本書未能提供清晰的行情表，但仍會在後面傳授方法，讓大家都能針對自己的情況，計算最適合自己的報價，不必再利用旁門左道、旁敲側擊取得行情。

接案至今，常耳聞有些同行會假裝甲方去接案網發假案件，只為了探聽價格，但我真的覺得沒有意義，更是助長歪風，每個人的生活成本、營運成本都大不相同，可以參考別人公開展示的商業模式、服務方案和架構。發假案件不僅浪費雙方時間，對於掌握自己的成本與利潤結構也毫無幫助，自己練習、不斷改進才是硬道理。


### ・為什麼接案市場報價不透明？

研究行情價時，一定會有個感覺，就是：「為什麼行情價不一致？」「既然有行情價，為什麼不統一報價？怎麼這麼不透明呢？」

原因在於提供不同價值。

吃是人類的共同經驗，這裡再以吃來舉例。我們心中的便當通常價位超過一百元就算小貴，但為何有些餐廳可以推出五百元，甚至一千元的高級便當呢？

它們瞄準的市場不同，而且掌廚廚師的廚藝和小吃店不同，選用的食材也不同，你不會在高級便當裡面看到三色豆或

螢光咖哩，反而比較可能看到真的用香料炒製的咖哩、蘆筍、櫛瓜、甜菜根等這些比較貴的蔬菜。

接案市場也是，能力較好的人、資深的自由工作者會開高於市場行情的價格，多半是為了以價制量，或吸引較高階的企業前來合作。

但意思絕對不是說，市場行情一字二元，你開一字四元，就真的會有企業願意買單，還是要看你是否能提供相應的價值，例如：速度、成果質感、服務態度、品牌形象、歷來成績與合作對象。

若以上這些項目都能交出很漂亮的成績單，你大可以開價開得比行情高，因為你能證明自己貴得值得、貴得合理。

### • 決定你的價格基準

當你已經定好套裝服務價後，接著就可以思考，如果有人找你依據客製化需求提供報價時，要怎麼報。但報價之前，要先算你的價格基準。所謂的價格基準，就像去買菜，菜市場的基準通常是以斤計價，超市是一百公克計價，而你的價格基準如何判斷，除了生活成本、營運成本，還要評估工作任務的難易與風險程度。

評估任何工作任務，至少要思考以下四個問題：

1. 這些需求我能辦到嗎？
2. 我能給出什麼品質？

3. 交出這種品質要花多少時間？

4. 執行任務時，可能遭遇哪些風險？

當前兩個問題的答案都有了之後，後兩個問題則能決定報價基準。這涉及你的工時和機會成本——一旦接了這個案子，你可能就得放棄另一個工作。所以，要精準報價，首先要算你的基本時薪。

再拿小明為例，剛剛得知每月最低營業額為五萬，如果他想工作的天數和時數與一般上班族差不多，每天工作八小時，每月工作二十二天，最低時薪就是：

**最低營業額 ÷ 每日工時 ÷ 每月工作天數＝最低時薪**

$50,000 \div 8 \div 22 = 284$（元／時）

算出最低時薪的用意不是直接拿去報價，而是評估是否虧本的基準。假設一個專案五千元，小明預估工時為十小時，每小時賺五百元，這樣就沒有虧本；但如果這個專案拖了十八個小時，小明就虧錢了，因為：

**專案價金 ÷ 最低時薪＝最低工時**

$5,000 \div 284 = 17.6$（時）

也就是說，如果小明不想虧本，專案時長就得控制在十七‧六個小時以內。

時薪同時也是評估該不該繼續接案的指標，如果超過半年以上，總收入都不及上班的月薪，或是時薪比法定基本薪資（二〇二三年為一百七十六元），就該考慮砍掉不賺錢的服務

和客戶，找出讓你工時破表的原因，並予以調整。

若這現象持續超過一年，且緊急備用金只剩下不到兩個月，就可以想想是否要繼續接案。如果還沒走到這一步，一切才剛開始，算完時薪後，還得評估專案的風險程度，才能真正算出報價。

通常一個專案會有這些風險：

1. 時間風險：急件、排程時間抓錯、其中一方拖太久。

2. 人為風險：換窗口、意見很雜、認知不同、溝通不順。

3. 多出來的工作：一開始沒想到或事後增加的任務。

4. 其他意外：生病、計畫取消或大變動。

時間和人的風險通常可在初次洽談時，透過對話和反應觀察出來。你可以設定一些問題詢問窗口，了解公司決策流程大概是怎樣？會有哪些人參與決策過程？最後由誰定案？透過這些問題判斷是否會被層層關卡拖到進度。

假如你和客戶開會後，覺得可能有些項目會有風險，但又想承接，建議工時多算一・五～二倍，確保能有餘裕做完又不虧本。

再以小明為例，他最近收到一個專案詢價。依據小明的評估，這個案子如果順利完成，大概需要十個小時。剛才已經知道，小明的基本時薪為二百八十四元，專案底價為二千八百四十元，是絕對不能妥協的地板價。

**專案工時 × 基本時薪＝專案底價**

$10 \times 284 = 2,840$（未含風險、利潤及稅金）

但和客戶溝通時，小明發現客戶回訊息很慢，往往沒有辦法馬上做出決定，都要回去請示老闆的意見，所以十小時應該做不完。依照客戶回覆的速度，最少應該要十五小時才能完成，專案報價的公式會是：

**專案工時 × 基本時薪＋加班工時 × 基本時薪＝報價**

$10 \times 284 + 5 \times 284 = 2,840 + 1,420$

$= 4,260$（未含利潤及稅金）

不過以上公式只考量到風險，還沒評估利潤及稅金，接下來要把這兩項加上去。

但你一定會想，利潤抓多少才合理？以擴大書審純益率來看，6%屬於合理範圍，因此加上利潤後，報價為：

**（專案工時 × 基本時薪＋加班工時 × 基本時薪）＋**

**不含利潤的未稅報價 × 書審純益率**

（$10 \times 284 + 5 \times 284$）$+ 4,260 \times 0.06 = 4,260 + 256$

$= 4,516$（最終報價）

由於這個專案價金額沒有超過二萬元，不必再扣代扣所得稅和二代健保，因此他可以用這個數字向客戶報價。

不過如果小明今天遇到一個專案要花六十小時，並預留十小時做為專案計畫緩衝期，且期待利潤能有 10%，計算公式就會變成：

不上班，每天工作 3 小時的自由生活

$60 \times 284 + 10 \times 284 = 17,040 + 2,840$

$= 19,880$（不含利潤之報價）

$19,880 + 19,880 \times 0.1 = 21,868$（含利潤的未稅報價）

由於專案總價超過二萬元，會被扣代扣所得稅 10%，但還好小明有加入工會，不必再被扣二代健保，如果小明想要實拿二萬一千八百六十八元，他的含稅報價會是：

n ＝最終報價

$n - 0.1n = 21,868$

$0.9n = 21,868$

$n = 24,298$

如果小明沒加入工會，又想實拿二萬一千八百六十八元，含稅報價則是：

n ＝最終報價

$n - 0.1n - 0.0211n = 21,868$

$0.8789n = 21,868$

$n = 24,881$

## 怎樣報價才不會被拒絕？

看完以上算式，你一定會想：「把成本全都轉嫁給客戶，報價最好是會過啦！」確實，那只是最理想的計算方式，實際上還是要看你能否提供客戶想要的服務內容和附加價值。如果不想被客戶拒絕，最好做到以下三件事：

## • 不要直接以時薪報價

時薪雖然是評估專案的基準，但千萬不要直接和客戶報時薪，也不要直接把時薪乘以工時，客戶通常無法判斷一個專案要做多久。如果報時薪每小時三百元，最後結案要請款時，和客戶說總工時為五十小時，他會覺得你有灌水的嫌疑。

當然現在有很多專案管理軟體，可以邀請客戶一起加入監管工時，但難免還是會遇到客戶質疑：「為什麼這項任務要花一個小時？三十分鐘做完不行嗎？」所以不要和客戶報時薪，即便一開始報價是以工時評估，但報價時要換成其他方式呈現。

另一個不以時薪報價的原因，對做事很快、很有效率的人來說，這反而是一種懲罰。如果一個任務，其他同行平均花兩小時，你只需要一小時，除非你提高時薪，否則就會虧本虧死。

至於，為什麼不能用時薪直接乘以總預估工時？正如前述，直接相乘就沒有把風險、利潤和稅金考量進去，以這種方式報價只能打平，不會賺錢，而且只要專案不小心拖到進度，馬上就會虧本。

## • 提供服務單價和細項

即使前面提供報價公式，但絕對不要直接把公式給客戶看，因為客戶不想看，看到或許不會感謝你公開利潤，可能還

會生氣，覺得你想把所有成本轉嫁給他。客戶只在乎他把錢花在哪些項目和是否值得，最好提供服務的單價和細項，一一標價。

怎麼標價呢？讓我再次請小明出馬示範。

稍早，小明接到一個客戶來信，請他依照這些需求提供報價：「提供一季的品牌內容規劃，包含內容方向企劃、二十五篇社群貼文。」

小明一直以來都有計時的習慣，依據過去的接案經驗，保守估計這些內容總工時為六十小時，緩衝期為十小時，利潤10％，由於小明有加入工會，因此在不扣二代健保2.11％、只代扣所得稅10％的情況下，總價為二萬四千二百九十八元，並以此金額報價。

但客戶會想知道這個價格是怎麼算出來的，所以小明先拆解專案各項任務所需工時，再加以計算：

1. 企劃、開會討論，總計約花費十小時。
2. 每則社群貼文製作時間約二‧四小時，二十五則貼文，
   約耗時六十小時。

$60 \times 284 + 10 \times 284 = 17{,}040 + 2{,}840$

$= 19{,}880$（不含利潤之報價）

$19{,}880 + 19{,}880 \times 0.1 = 19{,}880 + 1{,}988$

$= 21{,}868$（含利潤的未稅報價）

$n =$ 最終報價

n − 0.1n = 21,868

0.9n = 21,868

n = 24,297.7

最終報價以整數計算為 24,298 元。

但小明給客戶報價單時，不可能透露成本和利潤，會直接以專案時薪計算：

**最終報價 ÷ 工時（總工時＋緩衝工時）**

**＝專案時薪（已含風險、利潤和稅金）**

24,298÷70 = 347 元／時

1. 企劃花十小時，所以任務價為三千四百七十元。

2. 社群貼文花六十小時，任務價為二萬零八百二十元，總共二十五篇，平均每篇貼文單價為八百三十二‧八元，四捨五入為八百三十三元。

最後客戶看到的報價單就會如右頁。

這樣客戶才會知道錢花在哪，也才知道該如何衡量成果的品質與價值。

為了展示報價邏輯，我用了一個難記的數字計算，實際報價時，最好還是取整數，方便客戶安排款項，也方便自己記帳。

| 服務項目 | 單價 | 數量 | 合計 |
|---|---|---|---|
| **企劃費**<br>（含資料蒐集、訪談、題材規劃、社群策略、貼文時程安排、開會） | 3,470 | 1 | 3,470 |
| **社群貼文**<br>（含 300 字內文案、基本圖片設計）<br>＊基本圖片設計定義：照片壓字與排版，不含插圖、合成、照片精修。圖片由各戶提供，如客戶無法提供，則使用合法免費圖庫。 | 833 | 25 | 20,820 |
| 含稅金額 | | | 24,298 |
| 代扣所得稅（10%） | | | −2,430 |
| 二代健保（2.11%） | | | 有工會加保證明不扣 |
| 實領金額 | | | 21,868 |

## • 即便是客製化服務，也要提供多種方案選擇

另一種降低報價被拒機率的方式是提供兩種以上的方案選擇。可以是：

### ＃相同價格，不同服務項目

適合有預算考量，也有透露預算金額，但沒有明確方向，需要你協助規劃的客戶。例如，預算二萬四千元，可以給這兩種方案：

〔A方案〕企劃＋二十五則社群貼文。

〔B方案〕企劃＋二十則社群貼文＋二篇 SEO 文章。

如果該客戶剛好有經營 SEO 的需求，可能就會選 B 方案。

## #不同價格、不同品質，相同服務項目

適合沒透露預算的客戶，可以試探對方預算有多少，只要內容符合需求，這類客戶不一定會選低價方案。以下舉例：

〔A方案〕二萬四千元：企劃＋二十五則社群貼文（圖片為基本設計）。

〔B方案〕三萬元：企劃＋二十五則社群貼文（圖片為精美設計）。

提供多種選擇的原因，在於轉移客戶的注意力，讓他專心比較方案之間的差異，而不是把心思都放在殺價上。另一方面，能減少報價一來一往的時間成本，加速專案進行。

否則常看到溝通一個月還沒進入簽約階段的案例，案子都還沒拿到，就先耗費一堆時間和行政成本，真的划不來。

# 別用求職者心態接案

接案這一路上，看到很多人因為害怕被拒絕，就以低價接案，只求拿到案子，卻忘記無論做什麼事業，獲利是基本條件，有獲利，事業才能繼續下去。

我甚至曾看過一個同行在報價時被客戶酸言、嘲諷：「你

這種資歷也敢開這個價格啊？」信心遭受打擊後，乾脆自砍價碼，下殺六折，只求能接到案子。雖然能理解接案初期想要有業績的心理，但這樣只會離理想的自由愈來愈遠。

舉個例子，Apple 最新的 Vision Pro 要價新臺幣十萬，但大多數買不起的人都不會覺得是 Apple 的問題，反而覺得「貴不是它的問題，是我的問題」。

當客戶對你提出質疑，代表他想合作，否則他可以直接送你一張無聲卡，不會浪費脣舌討價還價。只是他目前還看不到足夠的價值，想要進一步談判。這種時候，也許比起砍價，你多給他一點小小的額外服務，說不定也能成交。送東西和打折的意義其實差不多，都是讓利、增加價值，但至少送東西，你能拿到的錢還比較多。

成為自由工作者，即是供應商。雖然規模小，但也是和客戶平起平坐的事業體，你不是他的雇員，不是他要求什麼，你都要照做。而是要溝通、談判、取得共識。

事業是你的，如果無法替自己挺身而出，捍衛自己的價值，也沒有人會幫你。除非十個客戶中，超過一半的人都嫌你貴，才有調整的必要，否則每個客戶都是獨立個體，A 客戶覺得你沒有那麼高的價值，不代表 B 客戶有相同想法。

只要定價的每一步都有依據，不是憑感覺決定，就要試著相信自己絕對有這個價值！

既然要開除老闆，做自己的老闆，就要擺脫雇員心態，不

要輕易讓人定義你的價值。

# 自由工作者有機會發大財嗎？

　　每當提到自由工作時，比起其他疑問，和金錢相關的問題總是數量最多的。印象中，自由和物質享受似乎是天秤的兩端，難以取得平衡。我在部落格固定更新相關文章時，常收到讀者來信，詢問我當自由工作者後，收入和以前相比真的有比較好嗎？大概要多久才會穩定？正式分享我的經驗前，想先聊聊身邊兩個真實案例。

## 屢戰屢敗，最後月入百萬的程式設計師

　　只要有在網路上分享作品的自由工作者，通常會認識幾個同為自由工作者的網友，我有個網友是自由接案的工程師，他多次挑戰自由工作，但好幾次都因為專案管理沒處理好而入不敷出，最終以重回職場做結。

　　他的問題不是缺案，而是一直找不到合適的方式管理專案，導致最後都和客戶不歡而散，不然就是得投入大量時間，最終仍無法損益兩平。

　　可是他一直沒有放棄追求自由工作的生活方式，第三次挑戰時，他很用心檢討過去犯的錯誤，發現問題原來出在收入來源太單一、沒有管理好客戶的預期，以至於後面專案執行時間

不上班，每天工作 3 小時的自由生活

變得很難管理。一環扣一環，導致他始終沒有在自由工作領域中站穩腳步。

後來他不僅將平時看書學來的技巧運用在專案實務上，同時也狠下心來，放棄那些和他理念不同的客戶、確立自己的市場定位，並邀請客戶一同使用專案管理軟體，藉著打造開放透明的合作環境，逐步掌握客戶的預期。

他還養成邊工作邊計時的習慣，讓自己更能掌握每一項任務所需的平均時間。更在業餘時間積極研發外掛程式，放在他的個人官網上販售，增加收入來源，最後終於讓他如願以償，成功全職接案，也達成每月營收百萬的短期目標。

## 寫字寫到買房的文字工作者

「寫字會餓死！」這句話在我的職業生涯中，聽過不下百次，也可能更多。總之，大多數的人，無論是圈內還是圈外，應該都會認同這個觀點，包括我，我一直認為靠文采達到家財萬貫的時代已經過去了，我們這一輩的人也許只能當作傳說，聽了充滿趣味，卻不知道有生之年能否親自體驗。

但某次和同行吃飯，發現他就是那個傳說，想不到還真的讓我遇見靠寫字買了房子的人，雖然他買的地段不是蛋黃區，坪數也不大，不過能以自由工作，而且是日漸貶值的文字工作，完成人生的重要里程碑，還是打從內心欽佩。

敬佩之餘，忍不住向他討教晉升「有房一族」的祕訣，他

也頗為大方，說自己沒什麼獨門絕招，就是積極曝光、來者不拒，什麼案子都接，不像我這麼龜毛、有潔癖，加上他單身一人，時間多得很，就這樣不停地寫，不到三年就擁有自己的窩。

## 自由又滋潤的生活是有可能的

從上述兩個真實故事中可以看到，想要過得比正職時期滋潤、自由，完全有可能，不過能否發大財，就要看你對發財的定義是什麼。如果在你心裡，沒有億萬都沒資格稱富，上述的故事確實無法滿足你的期待。

但若你的目標和大多數人一樣，不求錦衣玉食，只求安居樂業，自由工作完全能實現這個目標。

之所以先分享他們的故事，是因為要達成目標，變數很多，如果工程師沒有堅持下去、沒有持續嘗試新方法，百萬營收就不可能實現；而我的同行，若和我一樣挑三揀四，也不可能提早完成人生目標。

或許我們不該問：「能否倚賴自由工作致富？」而是問：「為了靠自由工作發財，我願意放棄什麼？多做些什麼？」

## 收入普通，但工時大減

說了這麼多，那我呢？

如果你對我的經驗有所期待，很抱歉可能要讓你失望了，

和那兩位朋友相比，他們願意傾注大量時間，獲得豐碩成果，而我選擇自由工作正是想找回自己的時間和空間，所以我的收入就普通多了，但大致上在薪資中位數附近浮動，端看我的案量還有身體狀況而定**不過我的工時卻只有一般上班族的三分之一。**

也就是說，我花更少力氣和時間，就賺到和以前上班差不多的錢，要是我的身體爭氣一點，就能用以前的工時追上朋友們的車尾燈了。

人各有命，富貴在天，我不是沒有試過拉長工時，為自己爭取更多利益，但一勉強自己，這副「奧少年」的身體就會立刻抗議，因此感悟到「不是別人能賺錢，我就能賺錢」，每個成功的故事都是倖存者偏差，每個人的條件和優勢都不一樣，我得思考別種方式才行。

若你好奇還有哪些打造收入的方式，第四章將分享自由工作者的完整收入來源。


## 為什麼有些人接案會愈接愈窮？

講完了令人稱羨的案例，當然也要談談人人想知道，但又害怕受傷害的狀況：明明很努力接案，卻愈接愈窮，連基本生計都無法維持，到底為什麼呢？如果已陷入這樣的窘境，該怎麼脫離呢？

我不會站在「既得利益者」的角度分享方法，因為也曾經愈接愈拮据，我會分享如何擺脫困境的真實經歷。

和上一個章節提到的工程師一樣，我兩度嘗試自由工作，第一次是在二〇一五年，當時基於身體狀況很差而離開職場，雖然那時有一筆積蓄，半年不工作也不會怎樣，但實在無法眼睜睜看著辛苦攢下來的錢，一點一滴消失。於是我決定以自由接案的方式維持生計，不過那時的相關資訊不多，我完全不懂行銷、經營、財務和會計，根本不知道去哪裡找案子，也不會報價，不知道應該要賺多少才夠，不知道如何評估何時該買設備器材。我在每月只賺一萬元、嚴重虧本的狀態下，還添購當時一臺二萬五千元的單眼相機，和一臺四萬多元的 Apple MacBook。想當然爾，以這種憑感覺的經營方式，怎麼可能長久，因此半年後，我就（被迫）重返職場。

還好那時買的器材很耐用，這兩項設備到現在都還能用，也算是物盡其用，完美地發揮它們的價值。

過去的我，顯然錯得令人搖頭。現在的我又做對了什麼，才能繼續以此維生呢？

老實說，二〇一九年第二次挑戰自由工作時，我的財務和會計知識仍然稀缺得很可憐，但比起二〇一五年，我不僅處在資訊更發達的時代，也多了行銷概念，以及更多工作經驗、更多人脈，使我能有一定數量的客源，也懂得設計不同的服務，縮短專案的空窗期，為自由工作續命。

## 專案周期都多長？

記得某次和一個喜歡的團隊線上交流，他們是一群自由工作者組成的團隊，一同做一個自發性專案。因為很喜歡他們的作品，我主動寫信給他們表達仰慕之情，也希望能有機會和他們交流。

交流過程中，他們問我經手的專案周期大概都多久，本來他們預期我會回答「半年」，當我回答一年時，他們每個人都倒抽一口氣，因為通常只有規模很大的案子才會這麼久。

他們的預期和理解沒有錯，「通常」是這樣，但我不是每次都接到大案子，而是透過前面章節說的套裝服務設計，刻意讓案子變成這種型態，因此，我才能創造相對穩定的現金流。

所謂的「專案周期」，可以想成電商平臺的「商品周轉率」，或是餐廳的「翻桌率」，只要服務時間愈短、成交收錢的速度愈快，現金就會源源不絕地流入。不過，自由工作者賣的是服務，不可能和人家拚「翻桌率」，只能透過以下方法，為自己爭取穩定的資金。

## 案源多還不夠，重點是穩定的現金流

生活中時常會聽到「現金流」這個名詞，有些人可能很熟悉，但對於財務小白來說，可能不太了解，不懂何謂「一段時間內，持續穩定的現金流入和流出」。所以，讓我以自身的慘痛經驗解釋吧！

我的第一個案子是採訪並寫完半本書，接到案子時是二〇一九年夏天，那時雖然有一點存款，但基本上還是一窮二白，繳完帳單、房租和生活費後就所剩無幾。寫書的稿費還算豐厚，但要等到出版後才會撥款，而那本書的表定出版時間是二〇一九年十二月，也就是說，接到案子當下，我還必須有其他收入來源，才能支付接下來半年的一切開銷，否則我的現金流就斷了，要找人借錢周轉才行。

　　很不幸的，當時剛起步的我雖有案源，但還不穩定，且每個專案都有一定的請款流程，無法馬上獲得報酬，眼看自由工作「生活實驗」要失敗了，才鼓起勇氣向主編提出預支的可能，感謝主編當時的傾力協助，沒有他，現在也不會有這本書出現，真的是我這一路上最重要的貴人。

　　解決了燃眉之急，我沒有浪費主編的好心，開始思考自己該如何在「快收慢付」的商業江湖中存活下來，讓自己遠離斷炊危機。

## 透過套裝服務設計，穩定現金流

　　所謂的「快收慢付」，白話文就是「盡快和客戶收錢，盡量放慢速度付錢給供應商」，如此一來，企業才有足夠資金運用，儘管可以理解這種生態和潛規則的存在，但問題是，如果每個案子都這樣，豈不是要喝西北風了？

　　而且，剛開始接案還會遇到另一個狀況，就是往往都要等

到快結案，才驚覺下個月的案量不夠，然後又要匆匆忙忙找案子、招攬業務，不斷循環、輪迴，忙到懷疑人生。

「有沒有更高效的流程？」當時的我想著。

我腦袋雖然沒有很靈光，卻還是想到一些方法。

### • 延長服務周期

我是文字工作者，專長是採訪和內容行銷，假如不刻意設計服務，能接到的案子大多都是單篇文稿，這種案子大概一～兩週內就會結案，除非我能接很多，不然專案空窗期很快就會到來，於是我開始思考如何才能延長和客戶接觸的時間？如何讓雙方的緣分延續？

答案就是推出包月、維護，或需要長期穩定更新的套裝服務。

以文字工作來說，除了單篇文稿外，後來還協助企業製作社群內容、SEO 文章，每個月固定提供一定數量和篇幅的內容，簽年約，但每月結算一次，約定在客戶的發薪日或供應商請款日支付價金，而且設計最低承接案量（類似餐廳的低消），例如社群包月服務至少要四篇，且至少簽約半年，因為社群只做單篇，賭注太大、變因太多，難以評估成效，也無法持續滾動調整、修正內容策略。

而對我來說，每接一個社群經營的客戶都必須做大量功課研究產業、競品和受眾，只做一篇真的划不來，鼓勵客戶綁

約半年，每月固定交付、產出，不僅能陪著客戶在過程中發現問題、一起討論解決之道，若真的合不來，也不用被合約綁太久，而我也確保自己半年的現金流狀況，不用每個月都為錢煩惱。

如果你不是文字工作者，而是工程師、設計師，也可以思考你的客群是否有長期、穩定的需求，例如網站維護、設備檢修、每年的行銷活動視覺設計、宣傳品設計等，並提供「簽年約就有些許優惠」的方案，主動製造長期合作比較划算的情境，鼓勵客戶簽長約。

相信我，其實客戶也很討厭不斷適應新的合作對象，想辦法在初次合作時，讓客戶安心到離不開你、有任何新的專案都會馬上想到你，就能打造穩定的自由工作生活！

### • 為自己的商品和服務分級

儘管推出長期服務，對自己的生計很有保障，可是有些客戶較為謹慎，期待先嘗鮮，再長期配合，要他們在陌生的情況下，和你「互許終生」，這種承諾過於沉重，此時就要將服務分級，分為「前端」和「後端」商品，就是前面提到的檳鈴策略。

前端商品的特性是輕薄短小又便宜，能讓人在不用付出太多的情況下，體驗服務的使用過程，像許多業者會大方讓人試吃、試用，為的就是用前端商品建立品牌印象和好感，以增加

購買後端商品的機會。

　　而這和我所從事的內容行銷有異曲同工之妙，因此我也採用自己的專長集客，有著相似的銷售路徑：藉由免費的資訊和知識集客、取得信任，再讓客戶進一步走向品牌諮詢、下單。

　　可以在自己的網站上分享專業見解、提供三十分鐘免費諮詢，或是免費白皮書，再附上後端商品的限時折扣，吸引客戶購買，借助科技之力，鞏固自己的現金流，無需每一個步驟都自己親力親為。

# 事前準備好，接案沒煩惱

　　自由工作者常被戲稱「校長兼撞鐘」，除了要執行專案之外，還要開發業務、談判、催款、客服，親自處理各項行政事務。工欲善其事，必先利其器，如果事先準備好既定行政流程所需要的設備與文件，就能加速專案進行的速度，讓工作更有效率。

## 需要很好的電腦和軟體嗎？

　　創業通常需要一筆啟動資金和相關設備，自由工作者要在開業時砸錢投資設備嗎？該如何判斷何時要升級設備呢？

### 設備無需一次到位

　　有些人會將設備一次購足，以創造一個破釜沉舟的情境，逼迫自己把錢賺回來，雖然有堅定的決心是一件很好的事，不過這麼做其實頗危險，就算接案期間客源不斷，但依照商場「快收慢付」的習性，很可能會遇到周轉不靈、現金流斷掉的問題。

如果沒有事先備妥一筆資金，也沒有接案經驗，最好別急著一次到位。還沒熟悉接案的生態，甚至不知道自己是不是喜歡和適應自由工作者的生活，投入全部的身家真的過於冒險。

　　但如果不要一次到位，又要如何判斷添購設備的時機呢？我認為可從以下四點思考：

### • 業種

　　自由工作者的業種很多，不同業種會影響到設備的等級，像設計、美術、影片剪輯等工作的設備需求，鐵定比文字工作者高，為了使作品的品質達到業界標準水平，適時地投入還是有必要的，否則做張圖都要忍受顏色的離譜誤差，反而讓你來回修改，更浪費時間。

### • 時間

　　有些人會為了省錢而選擇浪費時間，但我會選擇用錢買時間，若能用最快的速度完成，其實對自由工作者來說才是好事，表示有更多時間做其他案子，為自己帶來更多收入。

　　想想看，如果你只有一臺文書機，但要完成一部影片的剪輯工作，一邊剪輯，一邊當機，輸出時，渲染渲到天荒地老，輸出後檢查還有可能發現檔案毀損，必須重新輸出一次，一整天做這件事就飽了，因為你也沒有別臺電腦讓你在輸出影片的空檔處理其他工作。所以，若能省下大把時間，確實值得考慮

看看。

### • 健康

多數自由工作者都是長時間使用電腦的久坐一族，加上許多人和我一樣在家工作，無需通勤，活動量就更少了，所以常有腰痛、手腕痛、肩頸僵硬、背痛、眼壓高等毛病。

如果要我從業種、時間、健康和金錢中，選擇最重要的判斷依據，我絕對會選擇時間和健康，這兩項是不可逆的，且上述的毛病我之前都有，導致工作常痛到分心、工作效率很差。後來換了護眼螢幕、護眼檯燈、直立式滑鼠和人體工學電腦椅，舒適度馬上大幅提升。

身為一個因為生病而踏入自由工作生活的人，真心覺得什麼都換不到健康啊……省錢傷身，真的是最不值得的事。

### • 金錢

按照我的邏輯，只要能省時、維護健康的設備和軟體，全部都來一個嗎？當然不是，還是要回到現實、打開錢包、掂掂斤兩、看看預算是否充足。不過這裡指的充足，不是現在口袋裡剛好有足以支付設備的錢，就叫做充足，而是「你的公司」有沒有錢。

嗯？我接案賺來的錢，不都是我的嗎？又沒註冊公司，哪來的「公司的錢」呢？

話雖如此，但接案即是一種創業，事業萌芽階段，就該練習把公帳和私帳分開，未來擴大規模，就能更加得心應手。具體做法會在第四章詳細說明，但可以先有初步概念。

當你靠接案賺了一萬元，最好將一萬元拆分成薪資、獲利、公司的緊急預備金、設備採購金，至於比例如何，可以依照個人狀況調整。假設比例如下：

薪資：70%

獲利：5%

公司緊急預備金：15%

設備採購金：10%

拆分後，各個項目就會分配到以下金額：

薪資：7,000 元

獲利：500 元

公司緊急預備金：1,500 元

設備採購金：1,000 元

當中的七千元，你可以安心領走，獲利則是你的年終獎金，緊急預備金是突然生病、意外無法接案時可動用的款項，設備採購金才是這時可動用的錢。

若這個項目的金額遠低於你想添購的設備，建議先緩緩、慢慢存，搞不好存到時，你也不想要了。但如果真的急需該項設備，不得不動用緊急預備金，務必要在下一筆收入進帳時，把錢補回去。

## 事業草創期，我用哪些設備？

有上述那番感悟是源自於二〇一五年時短暫的接案經驗，那時我的財務知識匱乏到不可思議，投資設備非常感情用事。還記得我把在公司領的最後一筆獎金，拿去買單眼相機和蘋果電腦，還開心地告訴自己：「工欲善其事，必先利其器，這決定做得真好！」完全不知道該把成本攤提進服務報價裡，可想而知，付錢的那一瞬間就注定了接案生涯的長度。

有趣的是，當年那臺筆電成為我二〇一九年第二次挑戰自由工作時所有的主力工具，我用它寫稿、用繪圖軟體、架設網站……建立事業的一切基礎，還完成一本採訪集，剩下的設備都是接案兩年後才添購。

由於我的主要工作以文字為主，對設備的要求不高，幾乎所有工作都能用現有的設備，所以那時只花了三千元買網域和網站主機。一直到接案第二年，才因為飽受背痛、肩頸痠痛之苦，買了桌機、人體工學椅、直立式滑鼠、專案管理軟體等專業設備，告別駝背、烏龜頸，開始享受舒適的辦公環境。

## 備妥這些文件，未來的你會感謝現在的自己

自由工作者平常沒有人管、沒有人打擾，但相對的，就要校長兼撞鐘，除了專案執行之外，許多行政程序都要親自處理，若能事先準備好常用文件，就能省下不少時間。

說來簡單，但這些文件當中有些重點往往會因為直接使用網路下載的範本而被忽略，接下來就要介紹這些文件的用途、必須記載的內容，以及要格外留意的事項。

　　以一個小規模的自營業者來說，最常用到的文件莫過於以下四種：

## 報價單

### • 報價單是什麼？

　　自由工作者多半是以銷售服務維生，而且這些服務大部分是客製化，成本多為浮動的數字，以至於需要經過一番計算，才會得出銷售價格，再報給客戶評估是否合乎預算。而將這些數字整理成表格文件，就會產出常聽到的「報價單」。

### • 報價單應記載哪些項目？

　　報價單要長怎麼樣沒有人規定，網路上也有很多範本可以免費下載，但根據經驗，我認為好用的報價單應該要記載以下事項：

- 專案名稱
- 報價日期
- 有效日期
- 發案單位（你的客戶）
- 發案單位的聯絡窗口和聯絡方式

- 接案單位（就是你）
- 接案單位的聯絡窗口和聯絡方式
- 專案內容細項、規格、單價、數量、項目總價、專案含稅總價
- 專案重要預定時程
- 驗收方式
- 付款時程
- 付款方式
- 客戶簽章與日期

雖然名為報價單，但若能結合服務提案的功能，提出你對這個專案的初步規劃排程，會讓雙方對這次的合作較有共識。如果對方對你的構想有任何意見，也可以一併提出，讓溝通更有效率，而不是純粹停留在議價的範疇當中。

此外，報價單除了服務價格很重要，有效日期更重要，常有客戶收到報價單後，就跑去忙別的事情，過了半年、一年才想起這件事，帶著這張古老的報價單回來，要求你要用這個價格提供相同服務。

半年、一年雖不算太長，但足以發生很多事。也許你在這段期間內決定要拓展事業規模，或是投資設備，使得成本大幅提升，服務價格因此水漲船高，卻因為那張沒有寫有效期限的報價單，而被迫做一門虧本生意，實在得不償失。

| 專案報價單 | | | | | |
|---|---|---|---|---|---|
| 專案名稱 | | 報價日期 | | 有效期限 | |
| 發案單位 | | 聯絡窗口 | | 聯絡方式 | |
| 接案單位 | | 聯絡窗口 | | 聯絡方式 | |

| 專案細項／內容／規格 | 單價 | 數量 | 總價 |
|---|---|---|---|
| | | | |
| | | | |
| 合計 | | | |
| 代扣所得稅（10%） | | | |
| 二代健保（2.11%） | | | |
| 總計（實領金額） | | | |
| 專案重要時程 | | | |
| | | | |

| 驗收與付款方式 | |
|---|---|
| 驗收方式 | |
| 付款方式 | |
| 備　　註 | |

客戶簽章：　　　　　　　日期：　年　月　日

寫有效日期除了可以避免這種事情發生，另一個作用是逼迫客戶盡早做決定，你想看到的成果才能準時發生，事業計畫才不會被卡住，現金流也不至於受影響。不然一下要開會討論、一下要問主管老闆，談了一個月還沒簽約，你卻已經先付出這些時間成本，時間就是金錢，如果能拿去做更有產值的事，不是更好嗎？

我通常會將有效日期訂為報價日期之後的一週到二週，並註明愈早回覆就能愈早開始，逾期要重新報價。看到這些說明，急著想拿到成果的客戶，一般都會在幾天內做出決定。

### • 報價單可以代替合約嗎？

報價單雖然不像合約這麼正式，但也具有契約的作用，如果懶得簽約，簽報價單也可以，而這也是我認為報價單不該只有專案細項和價格的原因。

若想給客戶方便，就要盡可能將報價單寫仔細，才能保障自己的權益。不過若是專案時程超過半年，或是專案價金超過一萬元，我會要求一定要簽約，這類的專案鐵定比較複雜、變數較大，衍生的問題會很多，只簽報價單便顯得太簡陋。唯有簽正式合約，才能把合作過程中，雙方應盡的義務、應承擔的責任寫清楚，以維護雙方權益。

# 合約

## • 合約是什麼？

合約是基於雙方共識下所產生的正式法律文件，通常會詳實記載雙方應盡的義務、責任，還有維護雙方權益的條款。雖說現在口頭約定也算契約成立，不過這樣的約定方式往往無法包含許多意想不到的狀況，直到發生了，才發現場面早已變得難以收拾。不歡而散還算是很好的結局，只怕原先的合作夥伴變成對簿公堂的冤家，就真的很難堪了。

無論客戶是不是認識的人，最好都要簽署合約，以確保雙方的權益。

## • 合約應該記載哪些事項？

大部分的人都知道要簽合約，但要怎樣才能真正做到守護自己的權益？這是一個大哉問。許多人經常在網路上找合約範本，照著裡面的格式簽約，殊不知有些範本很陽春，完全沒有提到責任歸屬的部分，以至於發生糾紛時，模糊空間就任人解讀。

由於自由工作者涉及的產業和工種非常廣泛，我無法提供通用範本，但會條列一些我認為應該要記載的事項，如果可以，應該盡量加進合約裡，免得到時各說各話。

1. 定義合作關係為「委任」或「承攬」：兩者意義不同，將在後面詳述。

2. 立契約的甲、乙雙方代表人。

3. 簽約原因：通常會寫「甲方委任乙方（或乙方承攬甲方）××專案，為確保雙方權利、確認雙方義務，特立本合約，並同意訂定下列條款：（下略）」

4. 承攬或委任之內容：包含規格、數量、交件進度、驗收方式。

5. 合約期間。

6. 合約價金及付款方式：包含單價、總價、付款進度與日期、付款帳戶。

很多網路上的合約範本只包含上述內容，但紛爭往往不是出自這些，而是其他原因，像是：

1. 保密義務和資料提供：客戶不希望你拿著作品大肆招攬生意，或是不希望你拿著公司內部資料給別人看。又或者是誰該提供素材？如果沒有素材，可不可以用買的？不能用買的話，素材怎麼來？結案時要不要給原檔？

2. 智慧財產權歸屬：客戶是要買斷著作權，還是你只想授權而已？如果要買斷著作權，客戶沒使用的部分，著作權歸誰？如果侵害到他人著作權，誰該負責？

3. 爭議之處理：如果合作過程中因認知不同，甲、乙方行事有爭議，該如何處理？

4. 不可抗力之因素：如果合作期間，任一方因為不可抗力之因素無法繼續合作，該如何處理？

不上班，每天工作 3 小時的自由生活

5. 合約修改及移轉：如果要增減、修改合約內容，應該如何通知對方？合約能否移轉給其他人？

6. 契約之解除或終止：如果雙方不想合作，要解除合約還是終止合約？兩者在法律上的定義差異非常大，後面會詳述差異。

7. 準據法與合意管轄：如果雙方有糾紛，要以哪個地方的法律為準（通常會是中華民國法律），若要對簿公堂，雙方合意的法院是哪一間？

儘管洋洋灑灑很囉唆，但簽約就是要先把醜話說在前頭，發生糾紛時，才能理性處理，因為事前已經討論過了。

## • 面對合約，特別要注意的事項
### ＃承攬還是委任？

通常合約標題都會寫「××承攬合約」或「○○委任契約」，短短幾個字卻有很大的差異，而大部分的人都不知道其中的區別，像我也是遇到糾紛時，才意識到不同用詞會產生不同義務。

最大的差別在於**承攬是成果論，委任是過程論**。也就是說，簽承攬契約的話，不管用什麼手段，只要有做完就好；委任的話，只要在約定範圍內執行勞務就好，無論成果好壞，委託人依然要付酬勞，像律師就是委任的最佳例子。

而不同角色在解除合約或終止契約時，也會對應不同的義

務和做法，這部分後面會進一步說明。

## #驗收方式定義

有些客戶在自由工作者交付初稿之後會突然人間蒸發，不然就是找各種理由讓專案停擺、無法繼續，我曾遇過專案原定該在三個月內結束，結果拖了半年才結案。也遇過稿件交出去一年後才要我修改的業主。

專案一直拖，就代表自由工作者領不到錢，時間又被卡住，搞不清楚到底該不該再去接其他案子，影響可是很大的。為了避免這種事情發生，簽約時可在合約的驗收方式中寫明：

1. 專案過程中，不同階段該交付哪些文件、內容。
2. 交付方式。
3. 驗收標準。
4. 修改次數。
5. 最遲的驗收時間。
6. 若甲方超過驗收時間仍未進行或未完成驗收，視為驗收合格。

除了透過上方的條款保護自己之外，當然也要給予對方相應的權益，如果你遲交或交付有瑕疵的內容時，會如何負責和處理、對方將能獲得哪些東西，都要清楚交代，不然創造霸王條款的人就是你了。

## # 保密協議

有些大公司會將部分工作外包給自由工作者，同時要求簽保密條款，以免不隸屬於公司的個人會將商業機密洩漏出去。保密條款的期間可以有所限定，也可以是永久，視保護的內容而定。

## # 競業條款

除了保密協議之外，有時會遇到要求簽署競業條款的客戶。理由和保密協議差不多，都是怕不受約束的自由工作者洩漏公司機密、搶客戶。這些擔心和考量都很合理，不過仍要看實際條約有沒有給予合理的約束。

怎樣叫做沒有合理的約束呢？

以前看過一份合約，其中有一個條款，翻成白話文的意思就是「終止合約以後，永久不得與××公司的客戶往來，否則要給我五十萬新臺幣違約金」，這種就是極度不合理的條款。

合理的約束應該有時間、產業、活動與營業範圍，而且最好要有明確競爭關係。民國一〇四年十一月二十七日增訂的《勞動基準法第九條之一第一項第三款》中有明確指出：

「雇主與勞工約定競業禁止之期間、區域、職業活動之範圍及就業對象，應未逾合理範疇。」

隔年《勞動基準法施行細則》第七條之二中，有針對「合

理範圍」提出明確的規定：

1. 競業禁止最長不得逾二年。
2. 競業禁止之區域，應以原雇主實際營業活動之範圍為限。
3. 競業禁止之職業活動範圍應具體明確，且與勞工原職業活動範圍相同或類似。
4. 競業禁止之就業對象應具體明確，並以與原雇主之營業活動相同或類似，且有競爭關係者為限。

由於自由工作者不是員工，不適用勞動法的規定，無論是委任，還是承攬，有關競業條款的約定，仍要看合約的實際內容、前後邏輯，以及雙方實際的合作方式而定。但這不代表你無權和對方談判，要合理約束人不能賺某些錢，應該也要給合理的相應補償。如果你認為合約上的競業條款將嚴重影響生計，最好在簽約前，先和對方協商，提出補償金額的提議，也可以考慮要不要承接這個專案。

### # 合約審閱期

**「不要簽自己看不懂、沒看過的東西」**是不管做什麼事都要謹守的鐵則，接案時當然也一樣，不管對方公司再知名、規模再大，都不要拿到合約就馬上回簽，絕對要帶回家仔細看過，了解每一項意義，且同意後再簽。

尤其是大公司經常會有「定型化契約」，裡面常有極度不

合理的霸王條款，而且你可能還不能要求修訂，只能個別磋商，要是看都沒看就簽下去，被賣掉都不知道。

但如果合約是由你擬定，雖然法律上沒有硬性規定合作的合約審閱期，只有針對「消費關係」有相關條款，不過最好還是給對方七個工作天審閱合約，而且確保對方有權力針對條款提出異議和修改建議，儘管你不一定要將對方的想法照單全收，但既然簽約是要保障雙方的權益，有這些一來一往的過程本來就很合理，找到共識、建立信任，才是簽約最重要的目的。

因此，不願意簽約的客戶真的要特別小心，表示他「可能」沒有想要公平協商的意願，只希望你聽從他的指揮。

## #解除合約與終止合約是不同的事情

前面有提到簽的是承攬契約或委任契約，差異非常大，承攬是結果論，委任是過程論，因為這個差異，導致如果甲、乙雙方不想再合作，能行使的權利也大不相同。

解除合約、終止契約這兩個詞在一般人心中，感覺沒什麼不一樣，但解釋完之後，就會知道如果簽錯合約有多可怕。

**解除合約的意思是，溯及既往、恢復原狀。**你給的作品，他要還你，他給的錢，你要還他，當作這件事情從來沒有發生過；但**終止合約則是不溯及既往、到此為止**，過去的就讓它過去，不用恢復原狀。

簽約時要注意合約上面寫的是解除合約還是終止合約，承攬契約比較常出現解除合約，有些承攬商的承攬項目是建築工程這種大型專案，如果任意讓承攬方終止合約，可能會損害定作人（客戶）的權益，例如建商不能蓋到一半和客戶說不蓋了，要終止合約，這樣客戶繳出去的工程款就拿不回來，所以通常承攬方只有解除合約的權益。

不過在接案實務上，有時糾紛主因源於定作人，可是無奈簽署承攬契約時，通常能終止合約的只有定作人，若要保障自己的權益，就要另外約定條款，因此，才會出現一些合約，兩種都有寫的狀況。

簡簡單單的四個字，卻會為雙方帶來極大的影響，最好先諮詢專業律師再簽約，才能維護自身權益。

### • 有些事，還是要讓專業的來

雖然本篇已經盡可能條列出簽約時要注意的事項，但法律畢竟是博大精深的學問，而且每個人所處的情境都不同、簽的合約也不一樣，如果簽約前發現條款「怪怪的」，最好還是諮詢專業律師。

若能付費請律師幫忙逐條審閱合約最好，但相信大部分的自由工作者都沒有足夠預算，就要善用免費的法律諮詢資源。

有加入職業工會，就可以尋求工會的協助，通常都有配合的律師事務所，以我加入的臺北市藝文工會來說，就有免費的

不上班，每天工作 3 小時的自由生活

法律諮詢資源可以使用。

如果工會沒有相關服務，也可以多加善用政府資源，市政府、鄉鎮市區公所、大小型里民服務中心通常都有免費的法律諮詢服務，只要打電話詢問預約，就有輪班的駐點律師幫忙。

不過由於審閱合約是門大學問，而且以上都是免費資源，能諮詢的時間非常有限，一個人人約只有十五～二十分鐘，建議準備好問題再諮詢，不要丟一份合約就要律師幫你找瑕疵喔！

除了政府機關的資源之外，經濟部中小企業處架設的「中小企業法律服務網」，也有免費發問的服務，不定時會有律師協助回覆，只是比較不即時，適合急迫性低的對象。如果需要立刻得到答案，還是要預約政府的免費諮詢資源，或是付費尋求專屬服務。

## 勞務報酬單

### • 什麼是勞務報酬單？

商業往來，有交易就要有發票，可是自由工作者沒有營業登記，就無法開立發票，沒辦法開發票的個人，就會用勞務報酬單代替，證明公司有付錢，這筆錢才能算在公司的支出，也能證明你有付出勞務、取得該公司酬勞。因此，個人與企業合作後，都會簽「勞務報酬單」。

### • 勞務報酬單應記載哪些項目？

勞務報酬單沒有固定格式，有些大企業內部有固定版本，但也有些新創企業沒什麼經驗，連勞務報酬單是什麼都不知道，自由工作者最好準備一份，以備不時之需。

既然勞務報酬單是為了證明雙方有勞務與報酬的交換，就要寫明：

1. 文件大標題要註明是「勞務報酬單」。

2. 填表日期。

3. 領款人基本資料（國籍、姓名、身分證字號、聯絡電話、戶籍地址、通訊地址）。

4. 勞務內容（勞務期間、勞務內容之規格數量描述）。

5. 領款金額（給付金額、申報所得項目、代扣所得稅、二代健保、扣繳稅額、付款方式、銀行資料）。

6. 領款人身分證正反面影本（通常還會要求收款帳戶的存摺封面影本）。

7. 領款人簽章。

如果你覺得製表很麻煩，可以上網下載範本，勞務報酬單不像合約的變數這麼大，比較麻煩的只有申報所得項目還有扣繳金額，不過這兩項內容，前面也花了很多篇幅說明，相信應該不成問題了。

# 勞務報酬單

請圈選所得代號：9A、9B、50、其他＿＿＿＿＿＿　　　　填表日期：　　年　　月　　日

| 領款人基本資料 | □ 本國籍<br>□ 外國籍（在臺滿 183 天）<br>□ 外國籍（在臺未滿 183 天） | 姓名： |
|---|---|---|
| | | 身分證字號： |
| | | 居留證／護照號碼： |
| | | 聯絡電話： |
| | 戶籍地址： | |
| | 通訊地址：□ 同上 | |

| 勞務內容 | 勞務期間：自　年　月　日至　年　月　日止 |
|---|---|
| | 勞務內容： |

| 請領金額 | 給付金額：新臺幣　　　　　元 | ・本國籍代扣所得稅額 ≦ 2,000 元者不預先扣繳。 |
|---|---|---|
| | 代扣所得稅（10％）：新臺幣　　　　元 | ・非固定薪資（50）：5％（起扣點為 84,501 元） |
| | 二代健保（2.11％）：新臺幣　　　　元 | |
| | 實領淨額：新臺幣　　　　　元 | ・執行業務報酬（9A）：10％（起扣點為 20,001 元） |
| | 付款方式：□ 現金 □ 匯款 □ 支票 | ・稿費（9B）：10％（起扣點為 20,001 元） |
| | 匯款資料<br>　戶名：<br>　銀行：<br>　分行：<br>　帳號： | ・二代健保起扣點：<br>　・非固定薪資：26,400 元<br>　・執行業務：20,000 元<br>・外國籍在臺未滿 183 天，執行業務者之報酬按給付額扣取 20％。但個人稿費、版稅、演講之鐘點費之收入，每次給付額不超過 5,000 元者，得免予扣繳。 |

| 存摺影本黏貼處 |
|---|
| |

| 身分證（居留證／護照）影本黏貼處 | |
|---|---|
| 正面 | 反面 |
| | |

領款人簽章：

＊ 有些公司初次外包，不一定有勞務報酬單，此時可用這張代替，但若公司已有慣用版本，還是以該公司的格式為主。

## 請款單

### • 什麼是請款單？

請款單其實不是自由工作者必備的文件，通常會使用勞務報酬單直接請領款項。但有些公司基於內部流程，還是會向自由工作者索取。

而且請款單還有一個妙用，就是用來做為優雅討債的工具。當你的客戶不小心忘記付尾款時，如果實在拉不下臉催債，這時就可以默默地寄一份請款單給對方，提醒對方趕緊處理。

### • 請款單應記載哪些項目？

請款單並非必要文件，因此沒有固定格式，但最好記載以下項目：

1. 文件大標題要註明是「請款單」。
2. 製表日期。
3. 甲方（客戶）名稱、聯絡人、聯絡方式。
4. 請款人、聯絡方式。
5. 勞務內容（勞務期間、勞務內容之規格數量描述）。
6. 請款內容（勞務期間、勞務內容之規格、單價、數量、總價、交件日期）。
7. 領款金額（給付金額、申報所得項目、代扣所得稅、二代健保、扣繳稅額、付款方式、銀行資料）。

# 請款單明細

製表日期：　　年　　月　　日

| 客　　戶 | | 聯絡人 | | 電話 | |
|---|---|---|---|---|---|
| 公司地址 | | 請款人 | | 電話 | |

| 請款內容 | | | | | |
|---|---|---|---|---|---|
| | | | | | |

| 內容細節 | | | | |
|---|---|---|---|---|
| 交件日期 | 內容名稱 | 單價 | 數量 | 金額 |
| | | | | |
| | | | | |
| | | | | |
| | | | | |
| 請領金額合計 | | | | |

（未滿新臺幣 2 萬元，免扣 10% 代扣所得稅和二代健保）

表格、表單範本

第 3 章

正式迎向自由

# 案子太少太多都為難

自由工作者新手通常都希望案子多到接不完，但你知道案子太多也會讓人為難嗎？如何從零開始接到第一筆訂單？訂單穩定後，又要如何不被過多的訂單淹沒，維持生活的平衡？

很好奇，對吧？趕緊看下去，我將為你揭曉！

## 準備好之後，只能等案子上門嗎？

我在第二章花了一些篇幅，說明接案前要做哪些準備，但做完準備後，案子就會自動上門嗎？只能等案子上門嗎？當然不是，接案就是做生意，生意開張，就要讓別人知道，才會有人來光顧。

做足萬全準備後，就該告昭天下了。

## 讓別人知道你在接案

沒讓別人知道你在做什麼，有需要的人就不會來找你幫忙。不過，怎麼知道誰需要你幫忙呢？這時就要借助朋友的力量，就我所知，許多人的自由事業開端，都是身邊朋友引薦才

漸趨穩定，包括我也是。

決定開始自由接案後的第一件事，就是在自己的社群帳號上，告訴所有朋友：「我開始接案了，若有文字需求可以找我。」

還好以前做人不算太失敗，在幾位友人的協助之下，我慢慢站穩腳步，開始過上穩定的自由工作生活。

但除了朋友之外，還有別的方法嗎？如果天生具備邊緣人體質該怎麼辦？還可以去哪裡曝光呢？

## 曝光管道

曝光的方法很多，像接案網、求職平臺、社團、群組都是尋找案件的常見管道，通常去上面自我介紹，就會有客戶主動聯繫。

只是接案平臺、求職平臺往往很難展現個人特色，要從中脫穎而出不太容易。有些人會採取另外兩種做法，一種是「冷郵件」（Cold Pitching），另一種是內容行銷（Content Marketing）。我剛好都有使用，先讓我簡介後，再分享自身經驗。

### • 冷郵件

「冷郵件」是英文直譯，用淺顯易懂的方式說，其實就是「陌生開發」，寄信給陌生企業，以客製化的信件內容，介紹

你的服務，說明你能替他們解決事業上的難題、達成目標。

　　我從二〇二一年開始試著陌生開發，後來養成每個月固定開發三～五組名單的習慣，無論最後有沒有合作都無所謂，重點是讓自己培養手感、觀察市場變化、調整溝通的策略。

　　平常如果在社群、論壇、求職平臺看到喜歡的品牌或公司，不管他們有沒有公開徵人，也不論徵求的職位是否為兼職，我都會寫一封量身打造的信，附上和該品牌有關的作品、成績，告知對方如果有文字需求，都可以找我。

　　雖然被已讀不回的機率很大，但至少有被對方看到，或許下次他們有相關需求，就會主動和你聯繫。

　　我收過無數次無聲卡，但也有過不錯的回饋，從中接過幾次專案，也持續和對方保持不錯的合作關係。

### • 內容行銷

　　如果你覺得主動推銷實在太難，不妨試試內容行銷吧！內容行銷就是提供對受眾有益的免費內容，建立受眾信任，進而購買你的服務或商品，最常見的內容行銷形式，就是經營自媒體，無論是個人品牌、部落格、Podcast 都可以，只要能呈現你的特色，就有機會迎來新契機。

　　儘管內容行銷和陌生開發相比較為被動，無法知道客戶何時才會「願者上鉤」，不過好處是，內容行銷是全年無休的廣告和活招牌，只要內容不下架、SEO 機制還存在，有人搜尋，

就有可能找到你的網站，成為你的潛在客戶。

身為內容行銷工作者的我就是這個方法的信徒，從中受惠很多，這本書之所以會誕生，也要歸功於內容行銷，促成這項出版計畫的相關功臣，全是因為我的部落格而牽上線。

如果不敢推銷，就寫部落格吧！寫下你對專業技能的想法．觀點，分享作品，認同你理念的人就會隨著時間自動上門，很神奇喔！

## 有些事，現在就可以開始

我知道有些人還沒展開自由工作，但正「計畫出走」。若你正處於這種狀態，其實現在就可以準備。首先，第一要務就是不要搞壞職場關係。我沒有要你阿諛奉承，但也不要交惡，向前公司接案維生的人不在少數。

就算「相逢即是有緣」是老生常談，但也是真理，人在江湖，誰不讓你遇見，偏偏讓你遇見他，若能互相幫忙照應，有錢大家一起賺，豈不是好事一樁？

但若你已經在接案的路上，看這本書純粹只是想了解別人的做法，那麼，每一次執行案子時，就是一次宣傳，認真做、用心做，下一次客戶若還有缺，一定會再找你合作。

口碑比任何廣告、曝光、宣傳都有用。

## 我的第一個案子怎麼來的？

前面提到，我決定自由接案時，第一件事情就是昭告天下，但在那之前，其實我已經有在接案了，而那個案子是我在上班的最後一個月接到的，非常剛好。

二〇一五年前，我擔任一個網路媒體的時尚編輯，當時因公認識一位設計師的經紀人，我和這位前輩對於產業的想法很有共識，還算聊得來。只是後來我身體不好、被迫離職，沒多久就與這位前輩失聯了。

直到二〇一九年，我才從這個案子的窗口得知，原來是那位前輩向窗口引薦我，認為我很適合那個專案，才請窗口和我聯繫，而我一直都有自己的網站，所以要找我並不困難。

真心感謝前輩始終記得我們短暫的談話，還不忘提拔我，若不是他，我的自由工作生活應該沒辦法有好的開始。

這故事讓我深刻體會到，人生沒有一刻是徒勞，每一次用心交流、認真對待眼前的大小事，即使當下沒有顯著的回報，也可能在未來的某一刻，為我們開啟新的契機。


## 讓顧客上門，需要經過一番設計

上一個章節提到可以用「冷郵件」和「內容行銷」招攬業務，相信一定會有人質疑，在自己網站上寫寫字，就會有客戶上門，真的假的？!

以我的親身經歷，可以自信地和你說：「真的！」但我也必須坦言，要有效，仍要遵循一套「吸引力法則」，這套法則不是你想的那樣，而是行銷領域中最常被提到的「行銷漏斗」（Marketing Funnel）。

## 什麼是行銷漏斗？

介紹方法之前，先簡單說明何謂「行銷漏斗」。這是美國廣告和銷售先驅艾里亞斯‧路易斯（E. St. Elmo Lewis）於一八九八年根據美國人壽保險市場的客戶研究中，建構而成的個人銷售模型 AIDA，就是 Awareness（察覺）、Interest（興趣）、Desire（欲望）、Action（行動）的縮寫，代表每個人消費時必經的過程，但之所以變成行銷漏斗，是因為消費過程中有很多變數和阻力，這些不確定因素會逐層篩選掉一些人，以至於最後真正付諸行動的人，通常會比察覺階段的人數還少，就像漏斗會過濾掉不需要的雜質一樣，才會被稱為「行銷漏斗」。

## 自由工作者如何用行銷漏斗集客？

認識行銷漏斗後，自由工作者該如何運用呢？根據不同的階段，能做的工作會有些許不同，以下就針對這些工作分層說明：

### • 察覺

你可能會想，客人何時需要我們，哪會是我們可以控制的事呀？

但，還真的可以稍做引導。

有些人不知道自己需要，因此，只要你有跟著我在第二章練習替自己的事業找好定位，就能判斷出目標受眾可能會有的想法、困擾，進而幫助到他們察覺自己的潛在需求。

例如定位是「新創企業」，有些新創企業主知道人力不足，但可能沒想到可以找外包人員協助，這就是推廣自己服務的絕佳著力點，讓他們知道有些業務可以委託自由工作者完成，幫他們達到「不用雇用全職員工、計時員工，也能分攤工作」的目的。

### • 興趣

當潛在客戶意識到有需求，就會開始對相關服務和產品有興趣，接下來便可能主動搜尋關鍵字、社群帳號，如果你有經營自媒體，在這個階段就很容易被看見，若你同時經營多種平臺，被看到的機會就更多了。

當然，潛在客戶可能會到接案網找人才，但接案網的曝光邏輯是「業種→資歷→價目」，如果你課金，曝光排名就會更前面；假如你沒付費，而其他人都用錢換曝光，就算你能提供其他價值，但沒辦法被看見，也會在無形之中喪失很多機會。

如果不想陷入金錢戰爭，平時就要累積網路資產，無論是社群帳號還是個人網站，藉著 SEO 讓網頁排名往前，以時間換取更長效的曝光。

### • 欲望

其實能成功讓潛在客戶對你有興趣，就已經成功一大半，接下來就要看能否讓客戶產生「現在就要採取行動」的衝動、非你不可的堅定欲望。客戶做了很多功課，面對這麼多人選，會開始評估要和誰合作。通常客戶都不懂我們的專業，常以價格或「能送／提供多少服務」來判斷，但要把品牌做好，絕對不是這麼簡單的事，最重要的還是突顯自身的專業能力。

站在受眾的角度思考他們的事業，現階段會遇到哪些困難，而你又可以提供多少金錢以外的價值，例如：

1. 精通產業知識。

2. 成品的風格。

3. 擅長的類型。

透過這些附加價值，提升潛在客戶想和你合作的欲望。

### • 行動

優惠的價格、緊迫的促銷方案、稀缺的數量，都有機會讓客戶「腦波弱」、「手滑下單」，但我認為設計出一套讓對方感到專業、安心又方便的合作流程也很重要。

如果無法在漏斗前方讓客戶覺得你有特別的存在價值，後續合作流程又很繁瑣，他就絕對不會付諸行動，除非提供的價值多到讓他願意克服困難，他才有可能主動跨越障礙，否則只要去找其他和你類似、但合作流程更便利的自由工作者即可，不必耗費太多時間成本。

　　替客戶想好採取行動的方式：想找你合作的話，要怎麼聯繫你？要提供什麼資訊，讓你評估合作的可能性？聯絡你的方式會不會很耗時？試著思考這些問題，就能降低客戶的溝通門檻。

## 我如何「設計」自己的客戶？

　　由於我從事的是內容行銷，希望找到一個方法展現專業能力，同時推廣自己的服務，所以我的接案主力不是接案網，而是個人網站和 Instagram。我在網站上放作品集、服務項目、套裝方案價格，平時業餘時間也會寫部落格，分享自己對於內容行銷的見解和趨勢，有些文章的 SEO 表現很不錯，因此為我帶來一些流量。

　　我在文章、作品集和服務項目後面都有放詢價按鈕，使用者自主搜尋和進入網頁點擊後，就會出現簡易表單，表單是方便我初步了解客戶背景的問題集，多以選擇題呈現，減少填寫的時間，也能避免客戶不斷重複問同樣的問題，減少初次開會的時間。

客戶填完表單送出後，系統就會自動寄通知信給我，我便會針對表單內容，開始評估合作的可行性和報價，這個自動化流程幫助我專心執行專案，不必花太多時間做相同的事，客戶也能藉由表單提供需求的大方向，不用約時間解釋，對我和客戶來說，都省下很多時間。

此外，由於是自己架站，可以串接 Google 分析（Google Analytics）和 Google 網站管理員（Google Console）兩個免費的網站分析軟體，幫助我統計網站數據、記錄使用者行為、了解行銷漏斗中不同層級的表現狀況，讓我得以觀察大部分使用者造訪的來源為何？如何造訪？停在哪個網頁最久？哪頁讓他們想離開？

有陣子還付費使用 Active Campaign 和 Zapier 等自動化軟體，讓流程更順利，但後來基於我是一人公司，又是 B2B 事業，業務量不算龐大，使得訂閱費有點不成比例，我才暫停使用，不然真的很方便呢！

也因為我可以自由串接這些軟體，幫助累積、分析、改善流程，才更希望自由工作者都該有自己的網站，雖然接案網註冊很簡單，但方便的代價就是數據、網站架構全都被綁架，完全無從得知使用者行為，那些資料都是讓事業更上一層樓的祕密，你應該掌握在自己手裡。

# 案子愈多愈好嗎？如何評估案量？

剛成為自由工作者時，都會煩惱要去哪裡接案，總是希望
案子多一點，這樣就不用為了生計煩惱了。不過諷刺的是，一
旦案子真的變多，又會有新的煩惱，為什麼呢？

## 顧不了品質，案子只會流失

成為自由工作者兩年後，事業逐漸擺脫疫情陰霾，漸入佳
境。開心之餘，卻也感到心有餘而力不足，我變得無法靜下來
思考部分客戶的專案需求，又花了太多時間在某些客戶身上，
我認為這對另一些客戶而言並不公平，尤其是照顧我比較多的
客戶，對這些天使客戶，我應該給予相應的回饋，而不是利用
他們給我的餘裕，服務過度消耗我能量的人。

除了腦力有限，人的體力、時間也有限，案子一多，勢必
要瓜分更多資源。有些人接案接到這個狀態，便會開始考慮設
立公司，或是自組團隊，這當然也是選擇之一，不過這個決定
又會衍生出人員管理、分潤分工的問題，而且仍然無法迴避品
質管理的挑戰。

那時我認為組建團隊不是自己想走的路線，便上網尋找答
案，看看其他人是怎麼處理這種奢侈的煩惱。

不上班，每天工作 3 小時的自由生活

## 接案甜蜜點

還沒成為自由工作者時，我曾天真地想像：「我物欲不高，一個月三萬元就夠了，每個月只要接三個一萬元的案子就可以生活了耶！」（寫這句的時候忍不住笑出來）

理論上，不能說當時的我大錯特錯，只是現實情況總是事與願違，最初的想像是在最理想的狀態下才可能發生，但實際狀況往往是：

1. 花了三個月找三個一萬元的案子（初期）。
2. 三個案子的付款時間都不一樣。
3. 三個案子只有一個案子是長期合作，要再找其他案子。
4. 案子執行到一半，發現雙方認知不同，想要終止合約，但分手後就要再找案子。
5. 除非三個案子都是穩定的長期合作，而且付款時間不會拖太長，或是單筆費用金額不少，否則總是會遇到現金流斷掉的狀況，就會發現自己得一直去找案子。

投入後才發現自己有多天真。

好在自由工作者的優勢就是能夠隨時調整策略，上網找資料時，看到美國知名銷售專家暨作家布萊爾・恩斯（Blair Enns）為設計商業教育機構 The Futur 錄製的影片《Don't Have More Than 10 Clients》，顧名思義，他建議不要在同一時間內接超過十個客戶，雖然會有所局限，但只有十個名額，也意味著要慎選。

這個方法能迫使自由工作者思考想要和什麼樣的客戶合作，也能檢視目前的客戶是否耗費過多的時間成本，以致利潤變得更薄。看完這部影片後，我馬上著手計算花費在每個客戶身上的工時，以及得到的報酬，並對照成本價，找出那個投資報酬率最低的客戶。

其實在計算之前，我已經心裡有數，心中浮現某個客戶，那段期間就有感於雙方合作的諸多不愉快，但一直告訴自己要盡力配合。不過數據已經證明，再多努力都是徒勞，繼續堅持只是勞心勞力又傷財，我後來主動向對方終止合約，結束合作的當晚，終於告別一個月的失眠，睡了久違的好覺。

## 如何評估接案量？

儘管布萊爾‧恩斯說客戶的甜蜜點是十個，但我仍覺得這個數字因人而異，我是接十二個客戶左右，就會看見自己的肉體極限。不過有些人身體好、體能佳，也有意願多接一些案子，或有能力同時兼顧多個專案品質，要接二十個，甚至三十個，也不是不行。自由工作者嘛，要怎麼經營，本來就很自由。

可是若要我多嘴幾句的話，評估案量時必須考量：

1. **案件大小和規模**：規模大的專案，通常都要花比較多心思經營處理。如果手頭的專案全是大案子，想必很難一個人吃下來，要找人一起做，就要考量別的問題。如果

一個人接案，建議案件規模可分大、中、小，盡可能維持 1：4：5 的比例，才可能長久經營。以大型專案扛下現金流，用中、小型專案調劑身心，變換接案的節奏，接觸有趣的工作。

**2. 客戶的溝通難易度**：客戶是否好溝通，事關時間成本。有些客戶雖然常在狀況外，但若願意聽取建議，倒也還行。怕是無法接受不同想法，且回覆很慢的類型，就只能自行評估是否要把風險因子加進報價，還是直接拒於門外。

**3. 客戶預算**：許多人都會有「加減賺」的想法，但愈是讓你有這種想法的案子，往往愈難賺，就算最後還是有拿到錢，卻總會賠了時間，而原本那些時間，大可拿來做許多更有價值的事，帶來更多回報。

接案前，了解「機會成本」至關重要，所有資源都有限，選擇 A，多半就沒有 B 的空間，謹慎篩選，才能快快樂樂享受自由工作啊！

## 賺錢的案子 vs. 喜歡的案子

兩年前受邀去臺中醫學大學演講，結束後學生問我：「賺錢的案子和喜歡的案子，妳會怎麼選？」

我說：「我不會只看錢，也不會只憑喜歡的程度決定要不

要接，因為案子的窗口、合作夥伴，以及能讓我拓展何種經驗，都很重要。而我當下的狀態，也是評估的關鍵要素之一。」

我成為自由工作者之後，比起當上班族時，怨言真的少很多，相比之下對工作的「潔癖」也沒那麼多了。因為我知道，許多專案都只是我人生中的過客，不一定會和人生糾葛太多，以至於大多數的不愉快也變得可以忍耐。

挑選案子時，個人喜好通常不是我的優先考量，畢竟，如果這麼堅持，要嘛先餓死，要嘛單一案件必須開出天價才有可能存活，而最有可能發生的絕對是前者。

當案件邀請來的時候，我只會關心：

1. 要做什麼？

2. 什麼時候要完成？

3. 目標、方向。

4. 預算有符合我的底線嗎？

5. 我做得到嗎？

6. 我有時間嗎？

7. 我會獲得什麼經驗？

8. 窗口好溝通嗎？

以上問題若沒有太大疑慮，只要有空，通常都會接。

雖然看起來很資本主義，不過我認為案子能為我帶來的快樂，不只是我喜歡與否，實際上很多接過的案子，我都很無感（客戶對不起），但和客戶團隊合作愉快、覺得自己認識一群

很棒的人，都是很珍貴的收穫。如果我一開始就只用錢或個人喜好限制判斷，絕對會錯過很多美好的人事物。

而且，正如前面所述，每次接案，我都知道承攬的目的是什麼，不會硬要在工作中尋找快樂或人生意義，除非遇到出乎意料的狀況，不然我都會視為接案的常態。

## 用艾森豪矩陣評估專案

自由工作的狀態下，我是個可以將喜好和任務切割的人，但或許你想找一種更加具體的方法幫助自己判斷，我認為美國自由作家凱特・布加德（Kat Boogaard）提供的方法也許可以參考。她改造了艾森豪矩陣（Eisonhower Matrix），幫助自由工作者找到不適合的專案類型。

以防你是第一次聽說「艾森豪矩陣」，這是由前美國總統德懷特・艾森豪（Dwight D. Eisenhower）發明的一種時間管理架構，能疏理哪些事情是重要又緊急的，以便讓人快速找到任務和瑣事的優先次序。

凱特・布加德借用這個框架，將象限以金錢和感受劃分，分為「酬勞好／喜歡」、「酬勞好／不喜歡」、「酬勞不好／喜歡」、「酬勞不好／不喜歡」等四個象限。

如果你的案件屬於第四象限「酬勞不好／不喜歡」，想都別想，請對方另請高明；如果是第一象限「酬勞好／喜歡」，還想什麼？快答應啊！但其他兩種類型，凱特・布加德建議，

若是「錢多／不喜歡」的工作，可以考慮把特別不喜歡的部分外包給別人，或推薦其他自由工作者給客戶。

而「錢少／喜歡」的工作，她則認為可以誠實告訴客戶你的實際報價，也可藉由工時來評估要不要接。

面對以上兩種不完美的狀況，我會再深入思考不喜歡的部分和程度，不喜歡的成因很多，但只要不是讓我特別感到痛苦、毫無頭緒的案件，我都會接。

接案至今近五年，我發現執行專案時，會讓我感到痛苦的通常不是案件本身，而是人，與其說喜不喜歡，應該要在前期溝通階段，觀察窗口會不會把你喜歡的工作變得很討厭。由於實際經歷過，感觸特別深，所以特別想強調這個部分。

「錢少／喜歡」的工作也是同理，只要客戶沒有讓我的「地雷客戶警報」大響，而且預算沒有低於我的底線、時間充裕的情況下，我都不會拒絕。

## 每次機會都是靈魂拷問

正如前述，有些事情遇到才會知道。有位前同事最近開始接案，本來以為為了生計，什麼都能忍耐，但實在看不下去客戶會刻意欺瞞消費者，進而發現比起費用、喜歡與否，她更加在意合作對象的誠信問題。

而我則是特別在意窗口是否能溝通，如果在詢價階段就透露無法容忍不同意見、說詞反覆、無法具體說明細節或明顯不

尊重專業，我就會敬謝不敏。

當然這是累積一些經驗之後才得出的結論，缺乏經驗時，每次機會來臨，都像是靈魂拷問，也發現自己的底線原來可以因為環境不同一退再退啊……（人生好難）

但多虧這些經歷，讓我更加認識自己，更理解自己真實的道德底線、價值體系，雖然很想悶聲發大財，不過經歷過才知道原來比起錢和興趣，我更看重其他東西，更在意每次的選擇會帶領我往哪個方向前進。

## 價格不是接案的唯一理由

上篇講到評估要不要接一項專案，不能以二元論看待，除了錢和個人喜好之外，我更看重其他東西，是哪些東西能與錢和愛好相提並論呢？讓我娓娓道來。

### 組合式生活

英國國寶、人生管理大師查爾斯・韓第（Charles Handy），在一九九五年出版的名著《變動的年代》中，曾提到「組合式生活」（Portfolio life）的概念，建議每個人在心中畫圓圈，代表不同工作，且每項任務有不同的報酬，依此分配比例。例如 A 工作代表金錢報酬，B 任務能增加創意，C 案子能帶來成就感，透過多元組合，讓接案不只是工作賺錢，還能兼具生涯

探索和自我實現。

當然，他說的是最理想的狀態，但我認為即便現在無法企及這個目標，仍是很值得努力的方向，如此才能逐步靠近大部分人想成為自由工作者的初衷。

試著在每次接案時，看看待遇和喜好之外的條件，例如：

1. 能否累積有品質的作品，或補足作品集的空白。
2. 能否培養跨領域的能力。
3. 能否結識人脈、連結資源。
4. 能否為社會帶來正向影響。

有些時候，獲得上述其中一個項目，比拿到高額報酬還珍貴，甚至可能在日後為你帶來更多報酬、更好的合作對象。因此，除了錢和喜好，接案前最好還是多方評估。

## 故意接低價案，只為拓展技能樹

雖然我總是苦口婆心地勸大家盡量不要接低價案，但我也是有接低價案的經驗，只是我很清楚要換什麼東西回來。如果只能換錢，我反而不會自貶身價，一定要能換錢買不到的附加價值，我才會甘願這麼做。

有陣子我很想寫科普內容，但一直沒有機會，後來有個案子找上門，開價比行情低，不過看在可以累積質感不錯的作品，又是完全沒寫過的題材領域，而且能夠實際經歷整個實戰的流程，合作過程中接觸到的對象都有許多值得學習之處，所

以我還是答應了。

　　儘管初次接這類案子，過程中有很多磨合的陣痛，可是最後還是順利完成，而且正因為有了這個作品，後面才陸續接到類似專案。如果沒有「有意識地」接案，想必就無法拓展寫作的領域，讓出身服裝設計的我，得以接觸科技、皮膚醫學、鈑金加工等以前想都沒想過的議題，接觸更多領域，得以開拓更寬廣的視野。

# 溝通和管理，
# 才是展現專業的關鍵時刻

　　菜鳥接案者往往會談論怎麼接案，資深接案者則是談論如何結案。接到案件只是一切的開端，過程中如何和客戶溝通、如何管理專案，將會決定你能否好好把這個案件做完、拿到你應得的報酬。

　　有時候接案賺不了錢，不是因為遇到奧客，而是因為你不懂溝通、無法掌握進度、做不好專案管理。比起擁有超強專業技能，其實溝通和管理才是自由工作者最該具備的能力。

## 簡單的 E-mail 也有許多大學問

　　自從 LINE 出現之後，愈來愈多臺灣人愛用這個通訊軟體討論公事，但即便如此，E-mail 仍是不可或缺的工具，看似簡單的電子郵件，其實有許多學問，尤其是經常陌生開發的自由工作者，用對方法就能提升顧客開發的效率。

　　陌生開發的 E-mail 要注意哪些事？

　　　　　　　　　　　　　　不上班，每天工作 3 小時的自由生活

## • 不要用同樣的內容，一信多發

這是許多自由工作者，甚至公司行號都會採取的方式，為了節省時間，就用一封公版信件廣發名單，但這樣的內容不僅很容易出現忘記改名字而發錯人的窘境，還容易充滿本位主義，以自己的角度出發，整篇只想到自己，寫出和對方沒有關聯的內容，而被當作垃圾信刪掉。

## • 信件結構相同，但客製內容

不要一信多發，但開發名單這麼多，哪有時間一封一封慢慢寫啊？因此，要先將名單按照產業、期望合作的程度分類，再依照不同分類，撰寫不同的信件架構，以及需要附上的作品案例、相關網址，這樣對方就能感受到你的誠意，也能看到你有相關的產業經驗，不用再花時間回信問：「有×××相關的作品嗎？」讓雙方的溝通內容，得以馬上進入正題。

## • 用對方的立場想事情

「我這裡有一批好便宜的牛肉。」

「新創餐廳創業不容易，我們非常欣賞貴餐廳的品牌理念和風格，希望能助志同道合的品牌一臂之力，因此現在提供專屬優惠。若您期待能有更多合作的可能，歡迎與我們聯繫，期待您的洽詢。」

以上兩者的感覺截然不同。

後者雖然冗長，但不會像前者一樣，預設別人重視價格勝過價值，硬把別人沒點的菜端到面前，讓人充滿困惑，心生「關我什麼事」的感覺。

讓對方知道你有做過功課，對於主動接洽的對象都有經過內部篩選、深思熟慮、不是亂槍打鳥，誰都可以，對於對方而言也是一種尊重。即便你真的和誰合作都沒差，也不要讓對方有這種感覺，那樣對方也很容易只看到你的價格，而看不到和你合作的其他好處和價值。

不是每個企業都把價格視為合作的唯一考量，這是我自由工作近五年的重要體悟。

## 陌生開發信件的結構長怎樣？

一封完整又有禮貌的陌生開發信件，應包含以下內容：

1. 你和你的公司是誰？做什麼業務？
2. 說明來意：為什麼找上他們？看上他們的什麼才寫信尋求合作？
3. 寫信的最終目的：希望對方採取什麼行動？如何採取行動？
4. 附上和對方相關的作品及連結網址。
5. 文末問候。
6. 信件主旨寫明何者來信、為何來信。

用這樣的架構，閱讀的感覺真的有差嗎？以下直接舉例讓

你感受不同版本的對比。

## • 版本一

您有社群文案的需求嗎？

我們現在針對新創品牌，推出限時優惠喔！

包月方案只要 15,000 元（需簽年約／含圖文）

不需聘請專職員工，社群也能穩定經營！

如有需要，歡迎洽詢，謝謝！


## • 版本二

×××團隊／公司您好：

不好意思，百忙之中來信打擾。

我是一名自由文字工作者，日前在○○○中得知貴品牌，非常喜歡貴品牌對於○○○的堅持，也認為能在競爭激烈的市場中堅守信念很不容易，深感佩服，很希望自己能成為推廣○○○的一員。

若品牌有需要文字相關的協助，我很樂意幫忙推廣，目前也有提供包月方案，每月 15,000 元，無須聘請專職員工，就能產出更多內容，吸引更多客人關注。

如有意合作，或有其他建議，也請不吝直接回信，或撥打09xx-xxx-xxx 讓我知道，真心希望能有合作的機會。

靜候佳音

祝健康順心

×××

（附上和對方品牌相關的作品集、成功案例、方案說明）

相信看完兩種不同的版本，應該能感受到箇中差異。其實版本一的文案並非不好，只是比較適用於網頁文宣，因為網頁沒有預設造訪者是誰，可是信件是主動寄送的內容，收件人都會期待內容和自己高度相關。

如果真的覺得自己寫信太累、太麻煩，不妨複製架構，丟給 ChatGPT、Notion AI 代勞，之後再略為調整，這樣就能兼具禮貌、內容具體又客製化了。

## 談案子要準備什麼？

自由工作接案時，會經歷許多「接觸點」，也就是說，客戶會透過不同管道和你聯繫，但不是馬上就能簽約執行，通常要先談過、聊過，確認需求後才開始合作，但也可能破局、不合作。

要如何讓事情發展順遂一點，提升合作機率呢？談案子前的準備功夫必不可少。

## 制式問卷

現在許多客戶詢價都只會丟下簡單幾個字，甚至是符號：「想了解」、「私」、「$」，就想和你談，但你對對方一無所知，除了解釋服務項目和自身優勢之外，你還可以做什麼？

你可能會想介紹服務、強調優勢，難道還不夠嗎？若對方只需要簡單的套裝服務，或許已經足夠，但客戶多半都想要有量身訂製的方案，以解決他們的問題。這種時候，我會附上一個制式表單，事先擬定多道問題，讓我能快速掌握客戶狀況，也更能知道如何幫助客戶，表單內的問題包含：

1. 需要的服務。
2. 目前的困難。
3. 想達成的目標：判斷自己是否能做到，或客戶是否搞錯方向。
3. 參考範本連結。
4. 公司網站、粉專：了解公司產品、單價和形象，與目標的差距。
5. 公司規模：了解公司的人力、推測可能的預算。

事先準備自己的服務項目說明、作品集，以及詢價表單，能減少一來一往的回覆時間，想想看，如果每次詢價都要一一回覆，會有多耗時？既然想了解的事項都差不多，就花一次時間全都整理好，有客人上門時，引導他們利用幾分鐘填寫，他們會更有安全感，進而覺得你很專業。

若看完表單回覆，你能對症下藥給予建議，報價也在合理範圍，通常合作的機率就會很高。

## 先在線上了解，再約見面

有些人為了展現服務熱忱會主動去客戶公司談案子，這麼做不能說不對，只是自由工作者是業務，也是執行者，時間非常有限，如果能縮短拉業務的時間，才有更多時間執行專案，更能賺取較多收入。

雙方初認識階段，最好先在線上交流討論，確定有合作意願，再前往公司簡報了解詳情，這麼謹慎的原因除了省下雙方時間，還有以下理由：

### • 安全考量

已經不只一次聽到自由工作者談案子赴約時，遇到可疑又危險的情境。一個同行和對方約在臺北火車站，準時抵達後，對方卻推託說沒辦法到，要他搭指定 Uber 到桃園某處見面，同行聽到之後，深怕搭上陌生車輛後被賣掉，於是帶著驚恐拒絕了。

另一個例子，一個女生設計師和初次接洽的客戶約見面，但對方非常堅持要在某間咖啡廳，不願先在線上溝通，她只好請求朋友陪同。赴約當天，對方比她早到，而且還事先幫忙點好飲料，由於實在太可疑，所以她婉拒對方的好意，堅持與同

行友人自行點餐，暫離座位後返回，也不再碰桌上的飲食。雖然不知道後來有沒有談成這椿生意，但光是赴約的憂慮擔心，就已讓她飽受驚嚇。

接案很重要沒錯，但賺錢有數，安全要顧呀！

### • 認知不同

有些客戶以為的解決方式不一定是真的解方，也就是說，有時你的服務其實幫不了他們，但必須事先問過才會知道。

若對話的過程中，發現你們頻率不對，就走為上策；有時你能從中察覺，對方的規矩，你不一定想配合。

有些人不在乎客戶性格，配合度極高，能做到如此能屈能伸，當然最好，但合作過程中，有些問題麻煩到可能會讓你倒賠又傷神，若能事先準備好制式表單，就能讓你快速了解客戶需求、性格，也能少踩一些雷。

## 我談案子前會先準備什麼？

前面解釋為何要有制式問卷，以及談了服務設計與作品集如何準備，這些都很重要，但我認為更重要的是給客戶一個順暢的流程，讓他知道每個階段只要配合做哪些事，問題就會被解決，我們也能從中蒐集線索，為客戶找出最佳解方。

因此，我會要求客戶先填表單，並附上公司網站、粉專、社群，以便了解團隊目標和現況，進而判斷目標的可行性。

如果對方的需求，我辦不到或搞錯方向，我就會直說，不勉強自己接下，也不讓客戶有錯誤期待。先前有個詢價的客戶做 B2C 產業，希望把他們指定關鍵字（競爭非常激烈的非長尾關鍵字）做到 Google 搜尋結果頁（Google SERP）的第一頁第一名，但又不打算投入太多資源，且只想合作一篇文章，我就推掉了。畢竟如果這麼好做，其他品牌和 SEO 公司那麼辛苦幹嘛呢？

反之，若我看完詢價表單後覺得可行，就會在報價單上一併附上簡略的合作方向，對方有興趣的話，再見面詳細提案。整個過程都在線上進行，減少很多一來一往的時間，雙方都能快速達到想要的目的，讓工作效率更好。

## 自由工作者不該浪費時間開會

還在當上班族時，一天到晚覺得時間不夠用，於是經常加班。一天工作超過十小時是我以前的常態。我當時覺得一定是事情太多，忙不過來，但二〇一八年的一次短暫經驗讓我徹底改觀。

### 遠距工作新發現

二〇一八年五月，當時的男友（現在的老公）在日本打工度假，一直想在海外短居的我在主管的鼓勵和批准之下，決定

去大阪短居一個月，住在男友的租屋處，一邊旅遊、一邊遠距工作。

三、四月時，就規劃好一整個月的工作量，提前給主管和老闆審核過關後，就在四月底出發，體驗人生首次遠距工作和旅行的生活。

當時我每天的行程很規律，大概是這樣：

| | |
|---|---|
| 08：00 ～ 10：00 | 做早餐，送男友出門上班、收拾、整理家務。 |
| 10：01 | 工作。 |
| 13：00 | 午餐。 |
| 13：30 | 工作。 |
| 16：00 | 走路去業務超市買菜。 |
| 17：00 | 運動。 |
| 18：00 | 準備晚餐。 |

當時在臺灣的正職工作時間是早上十點～晚上七點，午休一小時，到大阪之後，每天下午三、四點就能結束工作，提早三～四小時下班，讓我非常訝異。

後來發現少了電話、會議、閒聊，工作就會出奇地有效率，特別是會吞噬大量時間的會議，簡直就是加班元凶。

## 「每個人擁有一樣多的時間」是幻覺

常聽到人家說：「上帝是公平的，不管你有錢沒錢，你們

都有二十四小時。」但現實是，有錢人的二十四小時比我們的珍貴多了，甚至，他們還可以付你錢，虛擲你的時間。

有這層深刻體悟是任職的某間公司隸屬於大集團底下，偶爾要和集團董事長開會，向他報告近況。

有一次，我和同事收到要和董事長開會的臨時通知，我們準時在會議室待了一～兩小時都等不到人，也沒有收到改時間的通知，只能坐在那裡虛耗整個下午，接近天黑才開始開會。那個瞬間，我意識到有些人的時間就是比一般人還要有價值。

每個人確實擁有等量時間，但這些時間並不等值。而當我們將每日三分之一的時間拿去和金錢交換，同時失去了控制權。從那次之後，我變得格外在意時間。尤其當了自由工作者後，我更重視時間是否被浪費，畢竟同一時間若能執行利潤更高的案子，就不會甘於虛度光陰了。

## 要自由，就要懂得開會

成為自由工作者後，例行會議少了很多，但仍有不少會偷時間的會議。

有些客戶分不清楚承攬和雇傭的差別，會要求自由工作者參與各種大小會議，我就有被要求過。對方請我參加每週一晚上七點的「週會」，內容和我的專案毫無瓜葛，後來便委婉回絕。

不是說自由工作者不用開會，而是承攬業務的自由工作者

只需要對結果負責，從屬性不該高到每週都要開會，更遑論被要求駐點。如果從屬性這麼高，就不叫自由工作，而是兼職了。

另一種偷時間的會議，不一定是客戶的問題，是事先沒想好討論事項就直接上陣，很容易落得離題、閒聊的局面，寶貴時間就在閒話家常中流逝。

我有一些長期合作的客戶，每個月會固定找一天開會，商討上個月狀況和下個月規劃。約好日期後，我通常會在前一天提醒客戶，並附上會議主要討論的事項，讓客戶做好相關準備，會議上要看數據、找檔案都不用再花時間。若有資料、簡報需要先讓客戶看，並在會議中討論，也會先給內容，因為當場才提供，消化時間不夠，一時之間難有結論，會拖更久才能達成共識。

會議當天，我會再提醒客戶一次。到了開會時間，如果沒有突發事件，通常我會主持、告知議程，除非客戶有其他想法，否則我會引導客戶進行會議，並將時間控制在三十分鐘左右結束。

既然自己不喜歡時間被占用，己所不欲，勿施於人，多為客戶著想，在會議時間展現效率，也是專業能力的一種體現！

# 我晚上六點後都不接客戶電話

前面幾個章節有提到，我之所以開始自由工作的生活方式，主要是希望有更多時間調養生息，同時也留更多時間給先生。每當聽到同行晚上還要和客戶開會，甚至工作到深夜，都深感佩服，覺得大家體力真的很好。另一方面也有點心虛，只要不是旺季或特殊狀況，我通常晚上六點之後，就不會再處理工作，也不會接客戶的電話。

這種做法在某些人眼裡，或許很缺乏服務精神和職業道德，但只能說每個人的價值觀、重視的事物不同，我珍視和先生相處的時間，寧願錯過一些機會，也不輕易讓渡不可逆的時間。

而且我認為這也能算是「服務定位」的一種，為了自己理想的工作形式，設計一套流程，先把遊戲規則寫出來，能接受的客戶就會接受，最終我獲得的客戶都是懂得尊重時間的好客人。

## 因電話不斷而終止的合作

標題看起來很中二，但我真的有因為溝通習慣不同，而直接終止合作的經驗。

某次接到一個專案邀約，對方是想到事情就立刻撥電話過來的類型，而且很常在假日奪命連環 call。剛開始我還試圖和

他溝通，協調出雙方皆可配合的做法。

我告知對方如果真的有急事，又覺得打字很慢，可傳語音訊息，我會找空檔聽訊息，否則外出採訪、開會、假日出遊時，根本無法講電話。但沒想到對方居然回我：「妳案子不要接這麼多，外務就不會這麼多了。」

幾次溝通未果，對方依然故我，甚至要我配合他的時間表工作，我就決定終止合作，結束這段不堪其擾的日子。

雖然我確實有點「電話恐懼」，剛出社會時都要先打草稿，才敢打電話，還要一邊看著草稿逐條念重點事項，才能把事情順利交代完，否則腦袋會一片空白。

現在雖然已經沒這麼誇張，但沒有事先約好的來電，對我來說還是很有侵略性，代表我得放下手邊工作，無論我是否已經處在心流狀態，都被迫中斷工作，這對文字工作來說傷害性很大，畢竟有些靈感，一旦被打斷，就再也不會出現了。

## 設限，才能保留空間

接案有時真的很像談戀愛，當我們想要對方開心，都會甘願多付出一點，願意付出、不求回報當然是好事，但過度付出往往會反噬我們的身心。

尤其是對方見你什麼都願意做的時候，不見得會珍惜你的好意，可能還會因此不懷好意，利用你的一片痴心。當你發現自己一再退讓，底線愈退愈後面，就要適時喊停，畫了界線，

空間才會出現，否則就是一片開闊的開放式空間，你也不能怪對方隨意四處閒晃、試探你的底線，因為你根本沒讓他知道哪邊「非請勿進」。

## 不是所有客戶都一樣

自從遇到愛打電話的客戶後，我便調整了服務方式，並在合約條款中註記：「甲、乙雙方聯絡時間，統一為週一至週五上午十時至晚間六時，不含國定假日。如有要事或緊急需求，可使用通訊軟體傳訊通知另一方於隔日處理。如週五傳訊，另一方則於隔週一處理。」

簽約前，我會事先向客戶說明加註這一條的理由是為了保障雙方的生活品質，互不打擾，也會善盡主動更新進度的義務，同時整理好所有需要客戶回覆、決策、解答的事項，直接約一個時間和客戶全數討論。

讓客戶不用擔心我搞消失，也能掌握最新進度，更不用花太多無謂的時間，分享瑣碎、缺乏系統的資訊，對雙方都好。

加上這項條款後，幾乎沒有客戶對此有過任何意見，上述的事件是初體驗，也是最後一次慘痛經驗，我再也沒有遇到類似的事情。

畢竟，我相信絕大多數客戶都不想一直打電話，那一通通的電話代表的是無法掌握狀況的焦慮和不安。

如果你有一些格外在意的事情，害怕表達出來後會接不到

工作，我想鼓勵你試著用討論的態度和客戶說明，或許會被拒絕，但也別放棄被理解的可能。

　　每個人都如此獨特，客戶形形色色，安心塑造最舒適的工作方式，同時保持彈性，這才是你嚮往自由工作的初衷吧？

# 自律，才有自由？

　　以自由工作者的身分維生，三不五時就會被問：「妳一定很自律吧？妳是怎麼做到自律的啊？」這種時候，我都會回：**「沒錢就會自律了啦！」**雖然看起來像是在開玩笑，但我其實是真心這麼認為：**生計，會激發人的生存欲望和動力。**

## 沒錢，就會自律了

　　剛開始自由工作時，朋友對我的工作都會有些浪漫的誤解，以為我每天都坐在咖啡廳悠哉地工作，彷彿我的正職是喝咖啡、吃下午茶。當我否認他們的想像時，就像戳破夢幻泡泡的罪人，總會換來失望的神情。

　　雖然對他們很抱歉，但自由工作初期通常不會這麼愜意，那時的我，連咖啡廳的開銷都嫌奢侈。

　　別忘了，自由工作者是必須交付成果才能拿到錢，不是出現在公司上班就有錢。自由工作要有錢，就要執行專案，而且愈快完成愈好，才能獲得更多時薪，以及更多私人時間。

假設今天接了文章撰寫的案子，一篇五千元，如果我花十小時完成，時薪為五百元；但若能在五小時內完成，時薪就是一千元，還多出其他時間接案或休閒，因此我從來不拖稿，甚至還會提前交，就是想用最短的時間換取最大效益，並不是我毅力特別驚人、特別自律，只是算了一下單位產值，認清事實罷了。

## 允許自己分心

我真的不是什麼意志力特別堅強的人，看我的身材就知道。有時工作到一半會很想滑手機、看 YouTube 影片、吸貓，但我不會壓抑自己的想法，會允許自己分心。

我如何允許自己分心，又能提前交件呢？

首先，所有專案排程，我會把截止時間提前，預留一點時間給「意外」。再來拆解任務，我不要求自己一氣呵成，做完一個小段落，就讓自己去玩耍十～三十分鐘，時間到了就回崗位繼續工作。（只有一次破例，看懸案講解的頻道一整天，可是我還是沒有遲交）

如果可以，最好觀察自己的「黃金時段」是哪個時候。我個人在上午十一點到下午四點這段時間效率最高，因此比較困難的任務會放在這段時間進行，前後則會放一些瑣碎的工作，讓我在精神渙散時，也能完成一些工作。

我認為自律的重點不是嚴格禁止自己在工作時間娛樂，而

是認清人就是不可能長時間保持專注力，安排行程時，預留一些耍廢的額度，適度休息，只要不是過度放縱，邊玩邊工作，沒什麼不行的。

## 太常分心，可能是在逃避

邊玩邊工作沒什麼不行，但若太常如此，可能是潛意識在逃避。

我曾有過幾次經驗，只要在執行某幾個專案時，分心的問題就變得特別嚴重。

由於我每天工作都會用專案管理軟體計時，以評估執行專案的效率。當我發現每次執行某些專案都變得特別拖沓時，就知道自己可能是在逃避這項任務。

有時間為證，其他類似案子能在一小時內完成，某些特定專案卻硬生生花了兩個多小時還沒做完，若不是特別難，就是我不想做。假如次數過於頻繁，我會思考原因，有可能是因為缺乏挑戰性、乏味單調，也可能是抓不到客戶想要的感覺，找出可能的原因後，會考慮和客戶討論調整做法，甚至不排除終止合約。

不是我特別極端，而是與其在那兒拖、浪費時間，就無法有效「利益最大化」，長痛不如短痛，才是對雙方都好的做法。但萬幸的是，目前都還沒因此走到這一步，大部分調整自己就能改善。

## 不想被管，就要管好自己

大部分嚮往自由工作者生活的人都是因為不想被約束，不過，想在這個世界換取金錢，勢必還是要有所妥協。不想在別人的鞭策下工作，又要以工作成果交換報酬，自己管好自己，本來就是理所當然的吧！

自律不需要超能力，只需要認清現實，認清自律和自由相偎相依的事實，自然而然就能自律。

# 每天只工作三小時，有可能嗎？

前面的章節有提到，我在二〇一八年短暫的遠距工作經驗中發現，光是少了會議、電話、閒聊，工時就能大幅減少三～四小時，使每日工時維持在四～五小時左右，成為自由工作者之後，我更進一步發現，工時還能透過一些技巧，變得更少。

## 重點不是工時，而是產值

二〇二一年，我在網路上開寫作課，那時的學生問我：「我看妳的部落格都有記錄每天和每個月的工時，每天平均工時只有三小時，這樣可以養活自己嗎？」

如果不行，我大概沒辦法靠自由工作活到現在了吧！但我還滿感謝她問了這個問題，讓我有機會深思工時的意義和迷思。

## • 工作八小時是近百年前的產物

不知道是不是因為我是自由工作者，常有人和我分享身在體制內的痛苦，這些人自覺深陷其中，感覺無法逃脫的自己很沒用，甚至因此影響心理健康。他們的故事常讓我感到很心疼，也不禁開始想要研究工作的歷史。

看了《為工作而活》這本書後，我發現朝九晚五、工作八小時的「常態」，已是一百年前的事，雖然更早之前工時更長，使得這項制度在推出的當下，顯得十分具有開創性，但近百年後，物換星移，科技進步，同一套制度仍繼續沿用，是否還合宜呢？

一九二六年，美國福特汽車創辦人亨利・福特（Henry Ford）規定員工每週六、日必須休息，剩下五天則每日工作八小時。這項制度我們每個人都很熟悉，但以前當上班族時，我就覺得這是懲罰手腳快的人，如果提前完成工作，還是要繼續待在辦公室直到下班，儘管雇主都期待「能者多勞」，但多勞不見得會帶來更多回報，通常只會帶來更多責任，這樣真的公平嗎？

或許，辦公室那些混水摸魚的豬隊友、安靜離職的同事，不是故意要害你陷入水深火熱之中，而是早已洞悉一切，明哲保身罷了。

### • 工時是勤奮的代表，還是販賣靈魂的表演形式？

回到我學生的問題，她問我每天工作三小時，真的能養活自己嗎？這個問句背後的潛臺詞其實是：「沒有一般上班族勤奮，怎麼可能活得下去？」我知道她問這個問題一定沒有惡意，但沒體驗過別種維生方式，真的會陷入用時間交換金錢的思維。

《為工作而活》中，班傑明・富蘭克林（Benjamin Franklin）認為「時間就是金錢」，更進一步解釋：「貿易說穿了就是勞動交換勞動，因此一切事物的價值用勞動測量最公正。」

可是，待在工作崗位上八小時的行屍走肉，和三小時就快速完成任務的專業工作者相互比較，真的公正嗎？若有人能在短時間內交付好的成果，以勤奮或工時定義他的「價值」，真的夠合理嗎？

成為自由工作者之後，我更常質疑「工時＝勤奮」的觀念。每個人的長處都不同，能專注的時間長短也不一樣，卻得要「一體適用」明顯過時的價值觀，然後被貼上各式各樣的標籤、訂下價碼，真的頗為荒謬。

## 我如何做到平均每日工時三小時？

分享方法前，必須祭出前提，我之所以工時得以控制在「平均每日三小時」，除了是不想讓生活被工作綁架之外，也是因為我「不能」工作太久。

儘管寫書的當下，健康狀況已經好很多，但過去近八年時間，我都因為甲狀腺機能低下，飽受各種肉體不適，再也不能像二十幾歲時那樣燃燒自我。體能、專注力和意願都極其有限的情況下，短工時是我不得不做的選擇。

有時我會羨慕其他人，身心都有餘力衝刺事業，心想如果我也能繼續那樣，成就應該會更高吧?! 但另一方面，也感謝身體在年輕時就發出嚴正警告，讓我意識到自己不該再如此用力剝削身體，應該要找到平衡的方法才是。就像創新總源於框架，短工時的生活也源自這些生理條件的限制。

## • 克服帕金森定律

想要更有效率地掌控時間，就要先理解我們在無意識時會如何使用時間，如果你總是會在最後一刻才把任務完成，那你並不孤單，因為這正是「帕金森定律」（Parkinson's Law）的體現。

一九九五年，英國航海歷史學家西里爾・諾斯古德・帕金森（Cyril Northcote Parkinson）在《經濟學人》提出「帕金森定律」，後來在個人著作《帕金森定律：對進度的追求》（*Parkinson's Law: The Pursuit of Progress*）裡，詳細地描繪人們如何無意識地運用時間。

書中以一位女士為例，她在某天當中最重要的任務是寄明信片，但由於缺乏時間管理，原來頂多一～兩小時就能完成的

事，她卻花了一整天：用一小時找卡片、半小時找眼鏡、九十分鐘寫卡片……如此拖延是因為她覺得時間相當充裕，就算有設定截止時間，人們也傾向拖到最後一刻才開始。

一九九九年，《心理環境通報及評論》（*Psychonomic Bulletin & Review*）上有篇研究，就是想驗證帕金森定律是否為真，為真的話，又是為何會發生。結果顯示，人們接到任務後，通常會想著「我有多少時間可以完成」，而非「這件事我只需要花費多少時間」。如果可用時間愈多，人們花費的時間也會愈多。簡言之，資源愈多，消耗得愈凶。

為了避免慣性拖延，就得看清人性天生的弱點，通常我給自己的截止日期都會格外嚴苛。


## • 提前完成

專案管理的方法很多，市面上有很多大師無私分享，但每個人的工作習慣不同，我試了不少做法，才找到最適合的方式。你不必照單全收，帶走自己覺得最有收穫的部分即可。

我工作有計時的習慣，大概知道自己工作需要花多少時間。一篇一千五百字以內的文章，若題材很熟悉，通常一・五小時內可以完成。如果超過這個標準，就會知道自己正在拖延，接著我會視情況加速，或暫時休息一下。

一般而言，接到任務後，我會詢問客戶截稿日，接著會拆解任務。例如，我得在兩週後交出一篇一千五百字的文章，也

許同樣的專案給其他人做，他們會選擇在一天內寫完，但我會把這篇文章拆解成：

找資料 ⇨ 讀資料 ⇨ 寫大綱 ⇨ 給客戶審大綱 ⇨ 寫前言、第一段 ⇨ 寫第二段 ⇨ 寫第三段 ⇨ 寫結尾

拆解任務後，同時為每個任務設定檢查點，以讓我能在截稿前至少二天，甚至五天前交稿，例如客戶要求一月三十一日交稿，我會在一月二十六日～一月二十九日之間交稿，交稿前一週給客戶看大綱、確認方向。我知道客戶一定還會想要修改，為了不讓自己疲於奔命，我選擇事先壓縮製作時間，並把任務拆解成小專案，每次執行時，都能確保速度和意願，也能在狀況不好、生病時好好休息。已經先預留空檔給這種突發、不可抗力的意外，內心壓力就不會這麼大。

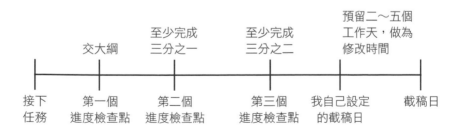

▲ 每次接案時，我都會以這樣的方式管理專案進度。

儘管一千五百字不是很長的篇幅，也可以在一天內寫完，但我喜歡把任務拆得很瑣碎，每天做一點，就可避免用太多時間思考，也能確保自己每天都能處理不同專案，讓多個專案同時進行。

　　而且搭配計時的習慣，就能掌握自己在不同階段的狀態，假設遇到某個專案耗費太多時間找資料，寫文章時就要加快速度以免虧本。也可知道自己的平均表現，讓報價愈來愈精準。

　　除了小任務以外，開會、講電話、回信、陌生開發的時間，我會盡可能計時，有了之前的慘痛經驗，找到占用大宗時間的元凶格外重要，否則其他事情都不用做了。

　　以上做法是面對自己熟悉的專案，但面對沒接觸過的專案，我會先手繪時間軸，條列可能發生的工作細項，再依照過去的計時紀錄估算工時，通常不會和實際情況相差太遠。

　　此外，我會統計調整服務、做作品集的時間，這是取得客戶的成本（獲客成本），可以用來評估商業開發的效益，如果花一大堆時間成本，上門的客戶卻不多，代表開發的方式要改變。相反的，短時間就能吸引客戶上門，表示這個獲客策略是好的。

## ‧ 算好自己的時薪

　　前面的章節有分享如何計算自己的時薪底線，之所以要算，是為了預防浪費時間。如果計算後，你的時薪底線是四百

元，那麼當你接到一個專案總價一千元的案子，你就得在二・五小時內完成才划算。如果花了五小時才做完，這個專案就是虧本。

我認為要對付拖延症，這是個好方法，也是「時間就是金錢」的終極詮釋。

## 從一個老闆到十個老闆

不想再聽從指揮，想開除老闆，當自己的老闆，是許多人夢想當自由工作者的理由。雖然自由工作者從屬性低，合作不愉快就可以輕鬆換老闆、溝通時相對平等。但自由工作者仍然要執行他人的意志，實務上看來，開除一個老闆之後，反而要面對十個（或更多）老闆的要求，會不會變得更自由，見仁見智，但若本來就是不擅管理時間的人，可能會變得更加辛苦。

每個專案的負責人都覺得自己的案子最急、最重要，如何協調、調度資源，就成為每個自由工作者的必修課題。

### 失眠一個月的體悟

開始當自由工作者，儘管能賴以維生，但沒有寬裕到可以開除不喜歡的客戶，每個客戶都小心翼翼地「服侍」，不懂如何協調，客戶說什麼都照做，這種「以客為尊」的想法，成為我日後的痛苦根源，害自己焦慮到整整失眠一個月。

當時好不容易迎來穩定案源，不想再費心尋找，對其中某個客戶的要求，我幾乎有求必應。看我如此好配合，他後來索性不說任務的截止時間，常說「愈快愈好」，或是突然打電話來就要我放下手邊事務，教他使用 Facebook 改版過的新後臺。這種情況持續一陣子後，我愈來愈害怕接到他的電話，發現自己常常一整天中，有一半時間都在替他處理事情，而且還是免費的。

雖然知道這樣對其他客戶不公平，但又害怕終止合約後，不知道要等多久才能接到新案子，對此煩惱到一個月都睡不好。

想到自己之所以自由工作是為了養生，結果卻本末倒置，因此我決定和這個客戶說清楚、設下底限，告知我無法每個忙都幫，那樣對其他客戶不公平，請他諒解，同時在閒暇時間整理作品集、調整服務方式和流程，也盤點每個專案的收入和所費工時，看看誰的投資報酬率最低（果不其然就是這位客戶），並準備陌生開發，免得他一如既往地「做自己」，沒有調整工作方式的意願，我的空窗期也不至於太久。

嘗試溝通後，一度覺得情況有改善，結果半年後故態復萌，還不知為何在未告知我的情況下，私自代替我以極低的報價接案，氣得我直接終止合約，封鎖他所有聯絡方式。

這次的經驗非常負面，但我也學到許多教訓，例如：

1. 時間管理的第一課，是**不要讓任何人決定你的時間**。不

把底限說清楚，有些人就會開始以各種方式試探、占用你的時間。

2. 執行任何專案都要計時，透過拆解任務、計時量化任務，就能找出誰占用最多時間，卻沒帶來合理的報酬。最簡單的方法就是計算單位時薪，即便專案總報酬很高，單位時薪很低，甚至低於你的最低時薪，這個專案依然必須考慮汰換。

假設你的最低基本時薪是四百元，A、B、C 客戶這個月分別花了十、三十、五十小時處理，但 A 的酬勞是五千元、B 的價金是一萬五千元、C 提供的收入是一萬八千元，要找出哪個專案最勞心傷財、不值得繼續經營，最簡單的方法就是以收入除以總工時，低於最低基本時薪者就要考慮淘汰，以免浪費太多心力。

換言之：

最低基本時薪為四百元，

各個客戶的營業效率（實際時薪）＝總收入 ÷ 總工時

A：$5,000 \div 10 = 500$（元）

B：$15,000 \div 30 = 500$（元）

C：$18,000 \div 50 = 360$（元）

由此可見，和 C 客戶合作最划不來，除非他可以提供資歷、經驗等其他收穫，否則是最該優先被汰換的客戶。

## 要不要用專案軟體？推薦的專案軟體有哪些？

現在科技發達，方便的工具一大堆，到底要不要用專案軟體？又要用哪一個？是許多人共有的問題，不過我認為回答這些問題之前，先搞清楚自己的習慣和喜好可能更重要。

學習使用專案軟體要花時間，如果剛開始自營，接案流程還不熟悉，客戶沒這麼多，花時間和金錢買專案軟體其實不切實際。我接案初期是用 Google 試算表管理專案，隨著客戶和專案數量增加，發現自己花太多時間做表格，才在網友的推薦下，開始使用 Ora Management，計時規劃每月、每週的專案進度，至今還是忠實的使用者，也逢人就推薦。

| 日期 | 時間 | 合計費時 | 工作項目 | 產值 | 總產值 | | 12月確定案子 | | | | |
|---|---|---|---|---|---|---|---|---|---|---|---|
| | | | | | | 業主 | 項目 | 數量 | 頻率 | 單價 | 總計 |
| 12/2 (一) | 1100-1150 | 0.9 | 貼文x2 | 1450 | | | -設計 | 1 | 次 | 2400 | 2400 |
| | 1430-1520 | 0.9 | 部落格x1 | 1200 | 2650 | | | 1 | 次 | 2400 | 2400 |
| 12/3 (二) | 0930-0950 | 0.4 | 修圖 | 0 | | | FB經營 | 10 | 月 | 12500 | |
| | 1100-1200 1320-1415 | 1.9 | 文章 | | 0 | | 1000字長文 | 4 | 月 | 4000 | |
| 12/4 (三) | 1030-1300 | 2.5 | 採訪 | 0 | | | 提案 | 1 | 月 | 3500 | 20000 |
| | 1430-1700 | 2.5 | 文章 | 2200 | 2200 | | FB經營 | 3 | 月 | 8700 | |
| 12/5 (四) | 1020-1100 1115-1143 | 0.95 | 產品 | 1200 | | | 800字文章 | 1 | 月 | 4800 | 13500 |
| | 1400-1415 1430-1450 | 0.6 | 文章 | 800 | | | 制度撰 | 1 | 次 | 一字2元 1800字內 | 3600 |
| | 1540-1635 | 0.95 | 取材 | 0 | 2000 | | | 1 | 次 | 一字2元 1500字 | 3000 |
| 12/5 (五) | 1030-1110 | 0.6 | 文章修改 | 0 | | | | | | | |
| | | | 修圖 | 0 | | | | | | | |
| | 1300-1350 | 0.9 | 貼文 | 3250 | 3250 | | | | | 合計 | 44900 |
| 12/9 (一) | 1355-1530 | 1.6 | 文章修改 | 0 | | | | | | | |
| | 1100-1125 1130-1200 1310-1318 | 1.4 | 貼文x3 | 2175 | | | | | | | |
| | 1000-1030 | 0.5 | 修圖 | 0 | 2175 | | | | | | |
| 12/10 (二) | 1410-1530 | 1.2 | 讀資料 | 0 | | | | | | | |
| | 1300-1340 | 0.5 | 訪綱 | 0 | | | | | | | |
| | 1530-1600 | 0.5 | 文章修改 | 0 | | | | | | | |

▲ 二〇一九年用 Google 試算表記錄專案進度。

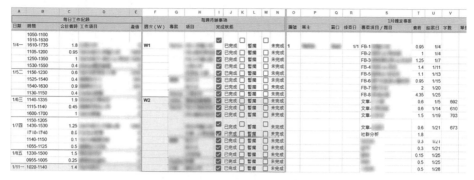

▲ 二〇二一年一樣用 Google 試算表記錄專案進度，但表格進行了改版。後來覺得花太多時間製表，才改用專案管理軟體。

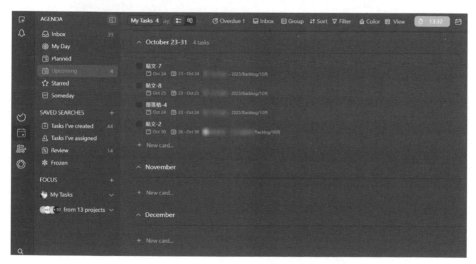

▲ 二〇二二年開始持續使用 Ora Management 計時和管理專案進度。

由於我覺得用筆把待辦事項劃掉的那一瞬間很痛快，有一陣子還會搭配子彈筆記管理每日時間和專案進度。可是自己手繪表格真的好麻煩，所以撐不到兩年，就只用 Ora Management 和 Notion 了。

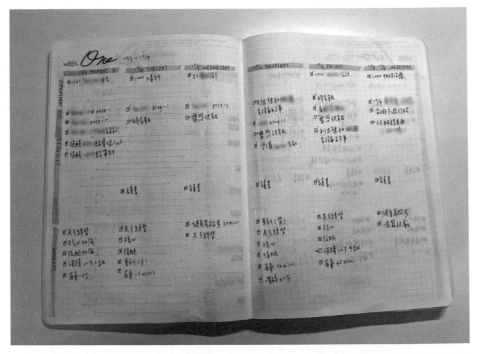

▲ 二〇二二年，有一陣子我沉迷於手帳，就會用手帳管理專案。但終究還是懶得自己畫格子，最後依然回歸科技的懷裡。

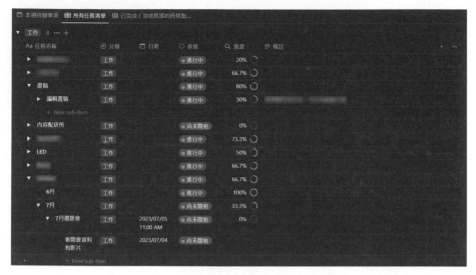

▲ 由於 Notion 可以跨裝置同步編輯，因此二〇二三年開始，除了 Ora Management 之外，Notion 也是我常用的專案管理和客戶協作的軟體。

　　這一路上，透過這幾個工具的幫忙，我沒有用很華麗的方式管理專案，仍極少拖到專案進度，通常都會提早交件。我相信只要找到適合的方式，工具再陽春，也是最棒的專案管理方法。

# 希望你不要用到這些知識

離開穩定安全的環境，無可避免會遭遇各種挑戰，與其祈禱不要遇上這些鳥事，不如勇於正視。雖然不希望你用到這些知識，但事先了解與充實，一旦發生狀況時，除了恐慌之外，還能多一種選擇：從容應對。

## 如何避免遇到地雷客戶？

就算沒接過案，應該也常耳聞相關糾紛，這些紛擾使許多本來想當自由工作者的人，擔心會遇到不付錢的客戶，因而打退堂鼓，認為自己不要接案比較好。

接案會遇到形形色色的產業和人，就像去荒野冒險一樣，難免會碰到險境、挑戰和危機，如果能事先知道可能遭遇哪些風險，就能先想好如何避險。本篇要分享如何辨識地雷客戶，以及避雷的方法，讓你在接案路上暢行無阻。

其實用「地雷客戶」形容這些人，我有些猶豫，他們當中必定有些人並非出於惡意，而是無知。而且，每個人可以承受的標準不同，說不定有些自由工作者能接受這些條件，但以下

還是會列出十一種可能潛藏高風險的警戒訊號，要是真的遇上了，雖不必馬上貼對方標籤，可是最好小心為妙。

## 十一種地雷訊號

### • 預算過低

這點應該很多自由工作者都知道，但無奈的是，還是有人會承接這類案件。為什麼預算過低會是頭號大地雷呢？原因在於這種把預算範圍卡得很死、溝通後還不願意調整的客戶，不僅破壞行情，通常還很自我中心、意見很多。

預算過低不一定代表他沒有財力，有可能是他真的不知道行情。如果你對這個專案感興趣，可以先禮貌詢問對方開這個預算的理由，試探對方的目的、行事作風，但若從對話當中，他透露出「覺得這個專業不值這麼多錢」的話，就可以直接和他說再見了。

稍微有點良心的客戶會先請不同的專業工作者報價，再自行比價，或表明可議價，但無理取鬧的客戶就是亂開價錢，要全世界的人配合他。

當然，他開五百元，你可以只給五百元價值和水準的成品，但問題是，這種狀況外、也不打算自我修正的人，通常會挑三揀四，以彰顯自己很「懂行」、很專業，絕對不會讓你快快結案。是不是要為了這點錢耗費更多珍貴的時間，我真心覺得要想清楚，說不定去做計時工讀，還賺得比這種案子多。

## • 迴避談錢

預算很低的客戶雖然讓人避之唯恐不及，但我覺得至少他掀了底牌，某種程度還算乾脆。最可惡的是「迴避談錢」，代表他知道自己錢不夠，但又想坳你，這類客戶通常會伴隨情緒勒索。當你一提及錢的話題，就說你「好現實」、「貪財」、「沒理想」，尤其藝文、創意、文字、設計相關的領域，最容易碰到這種人。

如果自由工作者的年紀稍微輕一點，這種客戶就會加碼說教，說「年輕人不要格局這麼小，經驗更重要」，合理化他不願意付出行情價的狡猾心態，並把矛頭指向你，轉移話題，偷換概念，把專案沒成交的原因歸咎成「是你太貪心，不是我太吝嗇」。

有些真的對自己專業充滿熱情的人，為了證明自己不是銅臭味重的貪財之人，就會讓步妥協，把折扣的金額視為神聖的犧牲，像烈女為了證明自己的貞潔清白，不惜以死明志，也不願意被貼標籤、不願意自己的熱情因此被玷汙。

但，只要還沒簽約，對方不過就是個路人，哪裡需要向他證明什麼？

威廉・德雷西維茲（William Deresiewicz）所著的《藝術家之死》中有段話，我覺得實在說得非常好：「藝術家創作不是為了發財，如果是的話又怎樣？什麼時候動機成為給多少酬勞的理由了？」

接案不是慈善事業，真要做公益，讓利的對象也不會是這些營利組織。

想發財怎麼了嗎？難道來殺價的他就不想嗎？

## • 這案子很急，你先幫我做！

這類客戶很常和迴避型客戶一起出現，或同時使用這兩種方式逃避付錢，告訴你：「這案子很急，你先幫我做，我們後續再談。」把時間壓力丟給你，接下來若有任何延宕，就可以把責任推給你。

做得了急件的對象通常都是非常專業的人，知道怎麼做才能加速流程，所以照理說，急件都是要加價的。

但會說出這種話的人，別說加價了，多半都不願意談錢，只會說：「你先做，我不會跑掉。」（我常覺得說這話當下不就是在跑嗎？不會跑的話，現在就給我說清楚啊！）可是時間不夠，導致案子變得很急，是他的問題，他應該要提早規劃、提早發案，而不是事到臨頭才找人幫忙。

就算真的很急，也該識相一點，主動提供急件價碼，吸引人幫忙救火，而不是不規劃又不識相，這樣只是要流氓而已。

## • 不斷強調任務很簡單

這點可能有點爭議，有些任務真的很簡單，但有些客戶會刻意弱化專案難度，企圖換取低報價。

不過報價前，評估難度的方式，除了執行面本身、時間、規則、需求，修改次數也是重要的考量因素，任務難不難，應該是由接案者評估，而不是發案方自己講，那樣就顯得有點此地無銀三百兩了。建議遇到這種專案前，最好問得詳細一點，以便判斷他說的到底是真是假。

## • 畫大餅

地雷客戶總有很多手段誘騙自由工作者自願低價接案，直接攤開預算讓你看的，還算是手段粗糙的「守序邪惡」。畫大餅、編織美夢的客戶，就是比較細緻的詐騙了。

這種客戶通常會在一開始要求低價，因為「之後好幾個案子都會給你做」、「之後會和你長期合作」。

我就遇過兩次這種客戶，其中一個要我別在外面接太多案子，時間都要給他，說「有做不完的專案」可以派給我；另一個則是想砍價，對我說：「都已經要長期合作了，難道不能便宜一點嗎？」我只好回：「如果真的確定要簽長約，當然可以呀！但現在不是只想先合作看看而已嗎？」

碰到這類畫大餅的客戶，無需硬碰硬，直接感謝對方的賞識，但強調「以後的事，以後再說」、「以後若真的要長期密切合作，絕對會再提供優惠方案」。委婉拒絕對方的「好意」，堅定自己的立場、價碼和利潤，看看對方的反應如何，若他摸摸鼻子算了，皆大歡喜；但若惱羞成怒，恭喜你揭穿他

的假面具，拆彈成功。

## • 語帶貶低

接案會碰到各式各樣的人，尊重專業的天使客戶很多，但慣性貶低的客戶也不少。這些客戶常會說：「你作品不成熟，還需要磨練，但我（大發慈悲）願意給你機會、讓你練習。」「我是好幾間公司的老闆，可以去找更專業的公司配合，但我看你有潛力，願意栽培你。」說穿了，這些話的背後其實就是不願意付行情價，只好用高高在上的姿態，把你貶成菜鳥，他就有理由殺價了。

即便他沒有說謊，也許真的握有豐厚資源，但這種以上對下的態度仍然十分可議。真的想要找人任他差遣，大可以找從屬性質高的正職員工，選擇外包發案，卻又用相同態度溝通，表示他想找成本更低的免洗勞工。

用這種態度尋求合作，很難想像未來能成為一段良好平等的合作關係。

## • 不簽約

我聽過很多用假名簽約，或簽約後完全找不到人的案例，因此簽約只能防君子、不防小人。不過那種案例還算是偏向極端值，而且簽約時，依然能做一些簡單的基本查核工作，防範於未然。但要是遇到的客戶一聽到簽約就面有難色，警戒雷達

記得要打開。

就算他只是嫌麻煩，「不想被綁住」（我真的聽過這句話），也要禮貌地向對方說明這是為了保障雙方權益，對他也有好處。如果他還是不要，而你又很想接下這個專案，可以參考折衷方式：

1. 請先他先付訂金50％，甚至全額。看專案規模大小，大型專案可先要求付三分之一到一半，小型的若不簽約，就先付全額。

2. 在報價單上簽名。

3. 透過通訊軟體和 E-mail 把雙方談好的條件，以文字整理好，請對方回傳 ok，契約即成立。之後最好再截圖存證，以備不時之需。

若以上折衷方案，他還是不願意配合，那就要三思了。合作最重要的是信任，連這樣的常態流程都不願意，要人不往壞處想，真的很難。

### • 回覆很慢

客戶都希望能快點收到成果，其實自由工作者也是，誰不想快點結案拿錢了事呢？但問題是，有些細節不能代為做主，必須由客戶決定才行。可是有些客戶偏偏不太回訊息、不接電話，或回得很慢，三、五天都未讀訊息，以至於拖到專案進度。

有良心的客戶會有自知之明，知道要展延交件日，但地雷客戶就會反過來怪你「為什麼沒有催他」。我就遇過這種客戶，彷彿我是他的私人祕書，要無時無刻提醒他的每日行程，就算你真的催了，他可能還會不耐煩地對你說：「我不會跑掉，不要一直找我。」「我很忙，哪可能一直回訊息。」

因此，議價階段就常搞失蹤的客戶，要有心理準備，和他合作，你很可能無法準時結案。

## • 愛講電話

這點對某些人來說或許沒什麼大不了，但對我來說，卻是比較麻煩的客戶。

公事用電話溝通、開電話會議是很正常合理的行為。但地雷客戶會濫用電話，想到什麼就打來，也不會把要交代的事情一次講完，往往都是擠牙膏式地揭露訊息，一件事要分三、四通電話才能表達清楚。

這種合作方式之所以被我列為地雷的原因在於極度沒有效率，而且非常不尊重接案者的時間，不是自由工作者就代表隨時都很「自由」，更不是隨時都可以接聽電話。最麻煩的是，有些這種類型的客戶，電話講完就忘了，或沒多久又改變心意，你再和他爭論，沒有文字紀錄，只要他打死不認，你都沒轍。

若你遇到這種客戶，又想接他的案子，建議每次講完電

話，就以文字記錄通話內容傳給他，再三確認沒有理解錯誤之餘，也有文字為證。

只是既然都要這樣，幹嘛不一開始就以文字溝通呢？

### • 規定異常多

近年來，自由工作、遠距工作愈來愈盛行，有許多人將這種工作形態和計時工讀混淆。明明是接案，卻要求自由工作者遵守一大堆規定，例如我聽過最扯的是要求自由工作者必須在三十分鐘內回電。

接案即承攬，意思是「只對成果負責」，只要在約定時間內，交出約定品質的成果，接案者要怎麼完成、是否要轉包給別人完成，發案者都不能干涉，因為雙方不是雇傭關係，自由工作者不從屬於發案者和其組織。

所謂的雇傭關係，就是要接受指揮（人格從屬）、配合考核懲處（組織從屬）、合約無期限，且領固定薪酬（經濟從屬）的合作關係。只要符合其中一項從屬性，根據最高法院九十六年度臺上字第二六三〇號民事判決，被認定為雇傭關係的可能性就非常高。

那些號稱接案，但要你配合開一大堆會議、固定時間上班、待命的客戶，都是在鑽漏洞罷了，千萬別上當！

- **駐點接案**

這點算是上一點的延伸，但因為近年來真的看到好多這類案件，所以想特別延伸討論。

某些人力銀行上會看到這種職缺：「接案，需駐點」，或是註明「需要到公司上班」，先不談從屬問題，先說如果接了這種案件，可能會有哪些問題。

如果要駐點，要打卡嗎？要準時上、下班嗎？設備要自備嗎？還有最重要的是，可以在公司做其他客戶的案子嗎？交付的工作做完可以提早走嗎？

光是仔細想這些問題，就知道駐點接案有多不合理，明明該找的是計時工讀，卻又不願意負擔勞健保，利用多數不懂法律的人，大吃自由工作者豆腐，只能說找案件時真的要小心。

## 如何避免地雷客戶？

- **「加減賺」往往賠更多**

許多接低價案的人都會有「加減賺」的心態，覺得雖然錢少，但也是錢，不賺白不賺。但有時這種案子反而會讓你花更多時間成本和機會成本，卻賺不回等值的錢。

假設某案的行情價是一千元，客戶開五百元，你想加減賺，於是就接了。結果花了快一個月還沒結案，這當中的時間，如果拿去執行別的行情價專案，難道不會更賺嗎？

或許這例子舉得太極端，但低價案子代表你必須盡快結案

才不會虧本，可是你有把握順利結案嗎？

價格在行情範圍的專案都可能因為各種狀況無法順利結案，導致虧本，更何況是低於行情的案子呢？

### • 懂得計算成本

或許有些人會說：生活辛苦，不能不接啊！不過接案就是做生意，如果你事先就知道是賠本生意，還會做嗎？

因此，我才會在前幾個章節分享如何計算自己的最低時薪。當你知道要過上現在的生活，最低時薪不得低於某個數字時，有些案子自然而然就不會去碰了。而且你會發現其實沒有想像中那麼別無選擇，在我看來，不堅守原則，甚至沒有原則，才是讓你一直陷入別無選擇的原因。

### • 訂金

假設你不怕和地雷客戶交手，也想經營他們的生意，最好先收訂金，專案價金超過五千元以上，盡量先收一半，最少也要三分之一，後續按照進度付款，這樣就算他跑了，你也不算全盤皆輸。

### • 上網找公開判決書

如果是一家慣性騙別人工作成果的黑心企業，通常都會留下紀錄，建議評估是否接案前，先到「臺灣公司網」，或是

「司法院法學資料檢索」的「裁判書查詢」，輸入企業或負責人名稱，看看是否有「支付命令」、「給付報酬」、「給付承攬報酬」的判決書，要是真的有，不避浪費時間和脣舌，也不用覺得自己會是例外，他們高機率是在找下一個待宰羔羊而已，趕緊開溜吧！

我之前就是利用這些平臺成功躲開超大地雷，當時只是出於好奇，先上網做功課，了解客戶的業務，結果愈查愈不對勁。首先是他們「所營事業資料」的登記項目，好幾個登記的產業類型都毫無關聯，而且短時間內換了好幾次董事，再加上他們真的和好幾個工作室都有「支付命令」、「給付報酬」的訴訟，最長的訴訟長達兩年，嚇得我趕緊推掉這個邀約。

人生很珍貴，我可沒這麼多兩年陪他耗啊！

## 你和客戶對好的定義不一定相同

身邊有位攝影師朋友常會在 Facebook 上分享接案時和客戶過招的故事。某次他抱怨：「明明 B 版本比較符合他們的品牌形象，客戶偏偏要選 A 版本，真心不懂耶！」貼文下方滿是附和的留言，認為大多數客戶的美感都需要再教育，或是「客戶總是選到最醜的版本」等。

雖然能理解為何會想抱怨，因為我也遇過類似狀況。發案時說希望寫作語氣活潑一點，避免太多官方色彩，結果最後客

戶還是選了最官腔的版本。但接案就是盡可能按照客戶的需求完成專案任務，不是純粹的創作，接案者雖要有專業判斷，但個人的喜好在專案中是最不重要的。大概在接案後兩年，我漸漸能從這種情況中釋懷。

## 每個人都想留下自己的痕跡

之所以不再因為喜好沒被青睞，就投射懷才不遇的挫敗感，是一次看到某句話後徹底看開。雖然我忘了正確的原文和出處，但那句話的大意是：「**每個人都想留下自己的痕跡。**」生命如此，專案亦然。

自由工作者想藉由專案端出傑作，客戶（尤其是負責溝通的窗口）也想藉此立下汗馬功勞，誰都想主導，在專案留下大量痕跡。雙方都是求好心切，但有時爭端就是由此而來。雙方心中的好是不同的，若雙方都不願意妥協、放下本位主義，最後很容易不了了之、不歡而散。

## 盡到告知義務，其餘風險自負

接案過程中，心態往往是影響結案率的關鍵，良好的接案心態並非低聲下氣、使命必達、唯唯諾諾，而是保留原則和堅持之餘，同時尊重客戶的選擇。除非涉及違法或可能引起品牌公關危機，否則如果已經盡到告知義務，並留下相關文件紀錄，客戶要做什麼選擇，就有自行承擔風險的義務。

以文字來說，若只是「感受」的主觀認知，雙方意見不同，儘管會有些失望，自覺能力未及期望，無法精準到位，我還是會尊重客戶的意見，因為已經有幾次經驗證明，我的想法未必是最好的，最了解客戶產品之消費者的人，終究還是客戶。而消費者的種類、習性，也遠比我們想像中來得多。

將意見不合的經驗視為驗證自己想法的試煉，長期來看，會比懷才不遇好受得多。

## 醜話先說清楚

商場上的人形形色色，有些客戶確實說話很不中聽，讓人很難冷靜就事論事。（真是謝天謝地，我沒遇過這種類型的客戶，但有朋友碰過）

面對這類客戶，如果你還是想和他共事，最好把醜話說在前頭，避免走到最難堪的一步。

醜話說在前頭的意思，不是在合作初期就和客戶嗆聲，而是把可能會遇到的最糟狀況、處理方式都先告知溝通、寫在合約的終止條款裡，並耐心和客戶說明。讓他知道不是很常發生這種狀況，也不是不信任對方，而是合作期間會有各式各樣的變數。

可以試著和對方說：「我們一定都希望專案能順利完成，達到雙方的期望，也相信您必定會盡力協助配合。但為避免雙方對於專案認知落差巨大、溝通未果，我們先把可能存在的風

險攤開來說，以免到時會因為這些事鬧得不愉快。」

能合作即是有緣，就算緣分不長，無法長久共事，能夠好聚好散，也算圓滿結局。

## 切身之痛：適時地放軟姿態，不是認輸

自由工作者沒有同事可以交流，因此我加入幾個同行的交流群組，大家分別以各種不同的技能接案，經常在群組中分享自己經歷的大小事。

某天，群組中有位同行 A 出聲抱怨客戶：「我剛剛嗆了客戶，沒辦法，實在忍不住。他浪費我很多時間，講話又很不客氣。」「有些客戶真的很欠嗆，上次有個客戶被我嗆到說不出話。」另一位同行 B 附和 A。

看見自己的情緒有人接住，他們便開始「安心地」大肆批評客戶。原來 A 還沒簽約前，就被客戶要求先提案，他給了三個提案後，全都被客戶駁回並批道：「你的東西好沒創意！」這句話成為壓垮 A 情緒的最後一根稻草，終於讓他崩潰暴怒。

儘管我能理解 A 爆氣的原因，不過在我看來，沒有適時扭轉程序的他也有責任。本來就不該在簽約前自願動工，結果遇到客戶不滿，還反嗆對方浪費時間；自己答應了，就要負起引導客戶的義務。因此，其他同行跟著附和的心態，也很令人感到遺憾。

不上班，每天工作 3 小時的自由生活

只是，如果是兩年前的我，或許也會加入他們，還沾沾自喜吧。

## 曾經愛筆戰、愛嗆人的我

我曾是稍有意見不合就會反應很大的人，曾有人說我很咄咄逼人、情緒化，這個狀態一直到二〇一七年時來到巔峰，那時開始意識到自己不能再繼續這樣下去，因為我不喜歡那樣的自己，心理狀態也大受影響。

不過，多年來的應對處事習慣早已根深柢固，哪是一時半刻就能改變。我就帶著這樣的習性成為自由工作者。想當然，這種脾氣一定會得罪很多人。雖然很快在自由工作的狀態中站穩腳步，但也因為逞一時口快，搞壞很多合作關係。

記得有次做一個專案，修改很多次都沒有過關，一直抓不到對方想要的感覺，幾次溝通還是不知道對方想要什麼，由於過去從未遇到這種事，再加上時程的壓力，導致情緒炸鍋，用了不理智的言語溝通，結局當然是以終止合約收場。

現在回想，我們只是要的東西不一樣。如果我可以再仔細一些，把自己需要的素材定義清楚一點；如果我可以把溝通重點放在事情上，而不是懷疑對方不信任我的能力，會不會更好一點？

但做了就是做了，後悔也來不及，只能帶著教訓繼續往前進。

## 尖銳背後的原因

上述的真實故事影響我很多，但真正促使我積極改變的人，是我的先生。

他是一個處事方式和我截然相反的人，很佩服他總是可以不帶任何私人情緒就把許多棘手的任務處理好，我很想成為那個樣子，卻不知道如何改變，也不知道自己為何會如此在意不同的意見，於是我求助心理諮商，經歷三個階段的晤談，才發現過去的尖銳是長期在打壓言語下成長後形成的自我保護機制。我得時刻確認自己比別人強，才能擁有安全感，確信自己的存在有意義和價值。

我只是想保護自己，卻用了武裝、傷人的方式口誅筆伐，贏了面子、輸了裡子。合作就是要共好，我不該只照顧自己的心情，也要練習如何一起走向雙贏局面。

當然，現實不是童話故事，沒有小精靈施展魔法，讓我馬上脫胎換骨，變成一個成熟穩重的大人。想要以新的作風行事，還是得靠自己練習，所以我也不敢說自己再也不會這樣了，但我明確地感受到自己的進步，以及圓滑處事態度帶來的好處。

## 試著找到雙贏的做法

前陣子準備和新客戶簽約時，對方的法務把合約中的「終止合約」字樣，全部改成「解除合約」。由於兩者在法律上

的意義差別很大（詳見 P. 137），如果所有情況都以「解除合約」處理，將會嚴重影響我的權益。

對我來說，最有利的做法是全以「終止合約」處理，但我不能只思考自己的利益，因此我提出第三種做法，就是涉及重大失誤、瑕疵、負面影響的情事，以「解除合約」處理，其餘則以「終止合約」善後。客戶欣然同意這種做法，後來順利完成簽約。

由於一開始就很替對方著想，後續合作過程能明顯感受到對方的信任與尊重，就像為共同目標努力的夥伴，這種緊密的關係，感覺真的很好！

# 如果已經踩到雷了怎麼辦？

前面的章節中，我分享了如何辨識地雷客戶的特徵，讓大家可以盡早發現、盡早避開，但萬一你現在已經遇上地雷客戶，來不及預防了，該怎麼辦呢？

## 你還要繼續嗎？

誰都不想遇到地雷客戶，但遇到了還是要勇敢面對，此時此刻要思考的是：「你還要繼續嗎？」

如果想繼續，接下來可能會面對哪些衍生問題？要扛多少成本（無論時間、金錢還是心力）？對方提出來的要求，哪些

你可以妥協？哪些不能退讓？停損點和底線在哪裡？

如果不想繼續，你會錯失什麼重大的機會或人事物嗎？會違約嗎？有需要遵守什麼條款嗎？失去這個客戶後，找到新的案子要花多久時間？現金流夠支付嗎？

權衡了不同選擇的利弊之後，再冷靜行事，就算客戶提出不合理的要求，也千萬不要膝反射，馬上和客戶開嗆，通常那樣的結果就會直接走向無法繼續合作，但若一開始冷靜處理，或許還有轉圜的餘地。

## 想繼續合作：真誠談判，創造雙贏

如果基於各方考量，你認為繼續和這個客戶合作，還是能獲得不錯的成績單，願意退讓一些，那就真心誠意地和對方談判，想辦法讓雙方都能得到各自想要的東西。

假設對方只想以極低的價格合作，你因為某些理由願意配合，又不想受委屈，就更要真誠地提出雙贏的方案。對方想要省成本，可以，但別忘了你有選擇權，多少錢就做多少事，記得讓他知道這種價格並非常態。

你可以禮貌地對他說：「感謝您願意提供機會。不過想詢問一下，專案預算是否還有調整空間呢？如果預算調整空間不大，不知貴公司能否接受修改次數降為一次（你可以自動調整成自己能接受的內容）呢？若這個方案可被接受，那我很樂意以這樣的條件，和貴公司合作一次看看，未來若要繼續合作，

再重新簽約。」

如此，就能把看似二元論的極端選擇，變成更加開放、靈活的合作選項。說不定對方也能接受你的提案，何樂而不為呢？

## 不想繼續合作：終止合作，按比例支付

合作過程中，如果你和對方就是不合、認知不同，幾次溝通磨合都沒有改善，讓你心很累，實在不想繼續合作，該怎麼辦呢？這時可以主動提出「終止合作」，並要求對方按照完工比例支付款項。

向對方提出「終止合作」時，必須謹記好聚好散的心理，再次禮貌地向對方說明，為什麼不想繼續的原因、過程中雙方分別付出哪些努力、後續打算如何處理安排，再次謝謝對方給予合作的機會。例如：

×××您好：

關於○○專案，我們雙方都分別付出很多努力（後面可具體提出在何時，做了何種努力，獲得何種結果），但很遺憾的，無法順利完成期待。

為不耽誤專案時程，幾經慎重考量（要讓對方知道，你做這個決定，絕對不是意氣用事），我方決定向您提出終止合作通知，同時想向您協議後續事宜，包含專案交接，和請款等項

目之處理方式。

我方決定將專案內容完成至◎◎段落，於五個工作天後以電子郵件的形式交付（不含原檔），並收取專案原定尾款40％之費用。（雙方不合還是要負責到某個程度，丟爛攤子給對方，對方會更不情願付錢）

很遺憾無法繼續共事，但仍萬分感謝貴公司給予我方合作機會。

再煩請針對上述內容回覆。

感謝撥冗閱讀。

祝健康順心

（署名）


原則上只要你是真的有努力過，不是故意擺爛，通常提出終止合約都很合理，也具有法律效力。提出終止合約是雙方的權利，相反的，對方也有權利對你提出相同的要求。

除非你簽的合約內註記的是「解除合約」，就不符上面的情境，詳情還是要看合作之初簽的合約條款而定。不僅要記得簽約，還要知道自己到底簽了什麼合約啊！

至於什麼是「承攬」、什麼是「解除合約」，前面已經有詳細解釋，別忘了翻過去複習喔！

不上班，每天工作 3 小時的自由生活

## 如果對方不願意付錢怎麼辦？

要是能用終止合約解決都還算容易，代表對方還存有良知。但如果你遇到地雷中的地雷，橫豎都不願意付錢的大地雷客戶，該怎麼辦呢？

首先要確定自己遇到的是哪個情境，有些自由工作者面對的，甚至不是一間真實存在的公司，等到拿不到錢時，才發現當初發案的人使用假名、假公司和你簽約，這種真的求償無門，只能事先防範。

簽約前要求對方提供公司統編，就能去「臺灣公司網」查詢營業狀況，從資本額、訴訟紀錄、稅籍狀態、公司現況，判斷企業體質。如果公司現況註記的是「解散」、「歇業」，但卻發案給你，就要格外小心。

若發案方是個人戶，就可以要求對方出示身分證影本，證明不是使用假身分。事前確認，事後才能避免得不償失。

假如對方使用真名、真實存在的公司發案，卻因為各種原因不想付錢，我們該如何追討血汗錢呢？此時有三種方法可以選擇：支付命令、本票裁定、小額訴訟。

### ・聲請支付命令

如果到了該付錢的日期，三番兩次以通訊軟體、電子軟體提醒，卻都沒有獲得回覆，可以先寄存證信函給對方。雖然很多人對於存證信函不以為意，不過這是宣布要採取法律手段的

最後通牒，而且未來事件升級成訴訟，存證信函就可以證明你已經有先通知對方，讓對方沒有機會耍賴。

但如果對方還是因為各種原因沒有支付款項，就可以帶著「合約影本」、「存證信函」，聲請「支付命令」。

可以先到司法院的網站下載「民事聲請支付命令狀」（通用版本），填寫完後向對方所在地的法院提出聲請。接下來法院會發函通知繳納五百元處理費，你可以帶著法院函去方便的戶政事務所，調查對方的最新戶籍地，回報給法院，法院會在一個月左右，決定要駁回還是准許。

但人人都有替自己爭取權益的權力，就算法院准許核發支付命令，對方還是很有可能在二十天內，不用任何理由就提出異議，此時支付命令會失效，低於五十萬的債務會走向調解程序，調解不成才會進行訴訟。

要特別注意的是，支付命令通常被視為便宜、簡單又快速的討債方式，在我看來，是適合自由工作者催款的好方法。即便當事人跑路、不在家、基於各種理由故意躲藏不簽收，但只要地址正確，對方的同居人、受僱人代簽，或是交由該地的警察機關，製作送達通知書，貼在他家或公司門口，也算是送達。

可是如果遇上給假名、假地址、假資料的客戶就完全沒轍，三個月內沒有送達，就會失去效力。來路不明的人要發案給你，千萬別見錢眼開，記得確認對方的身分啊！

## • 聲請本票裁定

雖然很少自由工作者會要求客戶簽本票，但由於這是追討債務的方法之一，而且等待時間短、效力強，還是說明一下。

如果客戶到了約定日期，仍然沒有依約付款，經過多次提醒後，客戶要求寬限幾天，這時就可以要求對方開一張本票擔保。假若到了本票上記載的日期，對方仍然沒有付款，就可以聲請本票裁定，只要等待約一個月，法院確定情況屬實，就會強制執行，扣押或查封對方的財產。

要怎麼取得本票呢？又要怎麼聲請本票裁定呢？

可以在網路商城或書店買到現成的商業本票，雖然也可以自己寫，但要注意的事項很多，少寫一項很可能就會影響效力，因此不建議自行撰寫。

如果對方簽了本票，到了本票上的支付日期，依然裝聾作啞、沒打算付錢，到期日起三年內都可以準備聲請本票裁定。可先到司法院網站的書狀範例中，下載「聲請裁定本票強制執行狀」，填寫完後向付款地點或發票地點的法院提出執行狀的正本，並繳納聲請費用。

請求金額在十萬元以下，聲請費用為新臺幣五百元；十萬至一百萬，費用為一千元；一百萬至一千萬，則須繳納二千元。

接著法院就會進行審查，聲請人可能會需要準備相關資料佐證雙方的債務關係，如果法院認為情況屬實，就會核發本票

裁定。

不過，對方很可能會非常厚臉皮，在收到本票裁定之後十天內提出抗告或「確認本票債權不存在之訴」，繼續拖延時間。但如果你真的都有保留合約、信件往來和對話紀錄，對方通常很難掙扎成功。

而且就算遇到對方人間蒸發，還可以採「公示送達」，就是不管他有沒有收到、知不知情，公示送達在公告期滿後，就馬上具備法律效力，對方想躲也躲不掉。

對於有意脫產、人間蒸發的客戶，本票裁定很有用，只是，除非一開始就簽，否則後續還願意簽本票的客戶可能不多，還是可能追不到款項。

### • 小額訴訟

許多自由工作者遇到地雷客戶時，都會擔心追究下去所費不貲、曠日廢時，往往會自認倒楣，或是先寄存證信函、聲請支付命令讓對方就範，不過有時對方會用各種方式拖延時間，如果你被欠的款項低於十萬元，且仍然堅持追討債務，也確定對方的真實背景資訊，其實有相對不花錢的方法，就是走小額訴訟的流程，不過雖然只要花一千元就能告人，難度卻相當高。

原因在於提起訴訟前，必須先寫起訴狀說明事發原委，以及你想追討的事物、費用金額，對於缺乏法律知識的人來說，

寫訴狀絕非易事，而且若是價金不高，基於不浪費法律資源的前提，還是會先安排雙方進行調解，調解不成才會進入訴訟程序。建議追討款項先以聲請支付命令為主，對自由工作者來說，會比較輕鬆容易。

## 事前避雷很麻煩，事後拆雷更麻煩

前面寫了一大堆複雜的流程，相信誰都不想要親身經歷這一切，但若想降低踩到地雷客戶的機率，最好是事前就謹慎做好避雷的準備。有些人因為客戶幾句「太麻煩了」、「我不會跑掉啦」、「我們都這麼熟了」、「你不相信我喔」，就被對方說服，不把該走的流程都走一遍。

交易前簽合約天經地義，若對方連這正常的基本流程都不願意跑、嫌麻煩，某種程度也是情緒勒索，利用你需要案源、怕案子跑掉的恐懼，幾句話就把你變成一個多疑、猜忌的人，並輕鬆迴避不願意透漏本名、統編、公司地址的詭異行徑。

就算是朋友介紹的案子，也不該擔心破壞彼此的交情而選擇放棄簽約的權利，因為承受風險的人是你，若對方連本名之類的基本資料都不願意提供，可能就暗示著他根本不想負責，還是小心為妙。

平時多吸收一些法律資訊，了解自己做生意時該注意什麼、權益受損時可以找誰幫忙、如何自救、採取哪些行動，就能把握良機、保護自己。

## 結得了案，才叫厲害

還沒當自由工作者時，覺得能以接案維生的人都好厲害；成為這個角色後，覺得結得了案，而且是準時結案的人，才是真正的狠角色。

為什麼呢？

接案過程很常有突發狀況，導致被迫暫停、終止合作。拖延、客戶不滿意、消失、不給錢、給錯金額都是讓專案無法完美落幕，導致現金流斷掉的常見問題。

以上除了客戶不給錢之外，每一種我都遇過，案子無法如期結束，壓力真的很大，尤其每個客戶都堅持快收慢付，再因特定原因展延，我就得一邊燒老本，一邊祈求客戶不會突然消失。

這種突然消失、避不見面、完全不回應的類型，可說是我最討厭的客戶，因為根本不知道對方怎麼想，我也無從處置。還寧可他大罵我：「做這什麼東西，爛透了！」至少我還知道之後的努力方向。（但不要真的來罵我啦，我玻璃心）

出來接案第一年，友人介紹一個專案給我，是一個企劃的工作。那時候案源不多，而且想說是朋友介紹，應該不會有什麼問題，我連費用都沒談就答應了，現在想來真是好傻、好天真。

沒談酬勞就算了，更可怕的在後面。合作到後期，發現對

方根本不是在找企劃，而是工讀生。我提的企劃全部被駁回，對方只希望我按照他的想法執行、幫他打電話約人見面、整理文檔。但依照他的想法執行完，請他審核後，他又常常已讀不回，打電話也無人接聽。這個客戶算是業內稍有地位的人，我本來想說他應該是太忙了，再等等吧！但拖了兩、三個月，原定的專案進度根本沒完成多少，連一個雛形都沒有。

當時我剛出來接案，又是認識的人介紹的案子，很害怕主動喊卡會破壞彼此的關係，只好繼續忍耐，一邊趕緊接別的案子。但再過三個月，情況依然沒有好轉，以我那時的窘迫狀態，再也不堪繼續拖下去，我便鼓起勇氣，和對方要求終止合作。

結果，向來拖很久才回覆，不然就是已讀不回的他，居然秒回，還想挽留我，直到我態度比較強硬時，他才同意合作終止，並按工作完成的比例支付款項。

可是，我們既沒有簽約，也沒有談酬勞，對專案費用的認知完全不同，我花了一堆時間處理他的事情，最後他只用五千元就把我打發走了。

不過怨不得人，是自己從頭到尾都沒有處理好，只能安慰自己，至少還有拿到一點錢，而且學到一個重要的教訓：該談的就要談，不管對方多有名、人多好，也不用擔心別人會不會覺得自己很愛錢，如果自己不說，對方就會自作主張決定你的價值。

現在我已經不擔心被貼上貪婪的標籤，畢竟我們就是活在資本主義的世界，也是因為商業行為而面對面開會，在商言商，要委託別人實踐理想，當然要付出相應的代價，不談錢，難道要談情說愛嗎？

現在再遇到這種問題或質疑，我都會直接說：「對啊！我就是愛錢，怎麼了嗎？」

## 如何避免結不了案？

前面好幾個篇章，我如此苦口婆心地叮嚀，都是為了避免結不了案。像是：

1. 篩選客戶。
2. 設計服務項目和流程。
3. 簽約、收訂金。
4. 盡力溝通，如果溝通未果，就要勇敢分手，時間更重要。
5. 法律知識。

但還有兩招，前面沒有提到，分別是「記錄」和「自我反省」。

### ● 記錄

有了幾次教訓後，雖然用痛定思痛形容有點誇張，不過從此之後，專案有任何討論、異動，我都會製表記錄，做為提

醒和證明。我會記錄的項目不少，依照流程進行階段，可細分為：

## # 簽約、合作前

1. 詢價：詢價的日期、窗口聯絡方式、需求。
2. 詢價和成交的比率：如果詢價高、成交低，代表宣傳和曝光的方式沒有問題，但產品和報價不夠吸引人。

## # 簽約

1. 和客戶約定的重要需求、注意事項。如：合約、報價單、請款方式。
2. 重要的日期與時間，像是各項進度、訂金交付日、尾款付款日、截稿日等。

## # 合作

1. 會議紀錄。
2. 工時。
3. 需求異動、需求異動的日期。
4. 實際交件的時間、交件的方式，若上傳到對方的雲端，會記錄交件位置。

後面這兩項很重要，客戶有時一忙，就會忘記自己說過什麼，或是漏看訊息。之前我碰過一個客戶，在我已經交稿一個

月後，還要求我修改，如果我沒記錄，證明自己早就按照合約完成，就很難自圓其說。所以，務必要記錄。

#結案

1. 未請款、已請款的專案。

2. 未付款、已付款、預定的付款日。

和企業合作通常都要經過特定請款程序，要填寫前面提到的勞務報酬單，或是公司內部表格，有的規模大一點的企業還會要求寫結案報告。有做這些紀錄才知道有沒有遺漏手續，就能盡快讓專案準時結束。

## • 自我反省

有時候結不了案，和自己設計的服務流程、溝通的方式非常有關。如果總是遇到這種事，可能要反省是不是需要調整。

和錢有關的事，我不會期待客戶記得，都會設定提醒的時間點，主動告知客戶。提醒時機通常是：

1. 簽約時動工前的訂金。

2. 交件時提醒付款日期。

3. 付款日前一～兩週。

4. 若過了付款日未付，每隔三～五天，我會再提醒一次。

客戶不只一組，憑記憶很可能會混淆，最好搭配 Google 日曆之類的軟體輔助記憶，提醒你檢視付款進度。

雖然很麻煩，但自由工作者就是校長兼撞鐘，唯有如此，才能準時結案，讓現金流不會中斷。

第 **4** 章

永續經營自由事業

# 如何讓自由事業更穩健？

現在案子有了、錢也賺到了，如果沒有謹慎管理，留不住錢也是枉然。雖然自由工作者不是企業，但財務管理是所有事業邁向穩健的關鍵。本篇將分享調整價碼的技巧，以及自由工作者管理財務的方法。

## 何時該漲價？怎麼漲價比較好？

接案、結案的循環中，漸漸的，你會發現不再需要為案源煩惱，自由事業好像漸趨穩定，這時，就差不多要思考漲價的事了。

許多人提到漲價都避之唯恐不及，擔心一旦漲價就會流失客人，反而讓自由工作生活變得更不穩定。不過既然自由工作是一門生意，當然早晚都得面對這件事。經營任何事業都有成本，營業額必須超過成本，才能生生不息。

如果你在職業工會投保基本薪資，只要基本工資調漲，你每次要繳納的勞保和健保費也會增加。另外，若你像我一樣有訂閱 Google Workspace 或其他國外雲端服務，美國升息讓美

金變強勢，也會使我們的成本變高。這些外部因素都會直接讓利潤變少，即使你什麼都沒做。

而上述這些只是漲價的一小部分原因，其他理由還包含四點：

## • 以價制量

事業只要經營得不錯，通常都會經歷案量爆發、應接不暇的時期，有些人在這個階段會趁勢註冊公司，順便多找一些幫手、員工。但如果無意擴張，以價制量就是好方法，讓你能夠在有限的精力和時間裡，給予客戶更好的服務品質。

## • 篩選客人

以價制量後，客人自然就會在這個過程中被篩選一輪，儘管不是有錢的客人都是好客人，這當中也有自認花錢的就是大爺的客戶類型。但至少你有餘裕處理他們的需求，不會因為過於忙碌而疲於奔命。

而以我過去的經驗，預算充足的客戶多數都能提供明確的需求和方向，合作過程相當快狠準、不拖泥帶水、不會反反覆覆。他們尋找合作對象時，雖然也會在意報價是否超過預算，可是開價太低，反而會讓他們擔心品質可能會傷及品牌形象。這些經驗讓我學到低價不總是一個好策略，身價抬高後，常是遇到更多強者的開始。

## • 對抗通膨

大部分自由工作者不像一般企業會直接面臨原物料價格上漲的問題，許多人認為沒有必要漲價。然而，我們除了是自由工作者，也是消費者，當通膨影響到其他企業，他們的商品和服務可能會轉嫁到我們身上。就算不是直接影響，也會間接影響，讓我們的利潤變薄。

像我每月花費五美元訂閱 Google Workspace 服務，但美元升息，美元強勢、臺幣貶值，直接導致我本來只要付新臺幣一百三十五元，後來變成新臺幣一百五十五元。隨後他們更直接宣布同方案價格要調漲為六美元，我就要付新臺幣一百九十四元，成本遠比之前高得多。

## • 幫自己加薪

當上班族時，雖然有過加薪經驗，卻是可遇不可求的奢侈。大部分的人若想大幅度加薪都必須跳槽才可以。現在臺灣能幫員工穩定加薪的企業真的不多，要不然就是只加一點薄酬，少到像羞辱人。

先生的朋友過去在一家知名科技公司任職，當時他被任命接管某個職位，即便百般不願意，還是硬著頭皮接下這個和他的專長完全無關的工作。工作內容不喜歡、工作量增加就算了，劇烈的職務調動換來的居然是每月加薪二百元，讓他氣到打開人力銀行，決定不幹了。

受僱於人時，加薪總是要看人臉色，既然出來當自由工作者，完成「當自己老闆」的心願，也別忘了適時替自己加薪，獎勵過去的努力和辛勞。

## 何時該漲價？

雖然有許多充分的漲價理由，但也不是想漲就漲，還是要看準時機，免得弄巧成拙，當你遇到以下狀況，就可以開始思考漲價的事情：

### • 客人太多，又不打算擴大規模

擴大規模能解決很多事，但會多出更多新的事，有些人只想維持一人公司，但太受歡迎時，就得做出取捨，這現象同時意味著你的服務對市場而言很划算，甚至是太過便宜。若你想逐漸轉向經營較大型的客戶，漲價且提升品質就是可以努力的方向。

### • 有重大代表作

演員得到大獎後，片酬和廣告代言費通常會水漲船高，自由工作者同理可證。若你獲得一個公信力十足的大獎，或是祭出家喻戶曉的代表作，身價起飛的時機就到了。

### • 有知名的客戶

除了得獎和代表作之外，和重量級的知名客戶合作也是拉抬身價的重要訊號。畢竟有這麼多人和你從事一樣的工作，對方卻選擇你，這和得獎一樣是很大的肯定。

這不代表客戶大就能大肆噱對方一番，漲價是為了讓自己有更多餘裕服務客戶、提升品質。想想看，八小時服務二十個客戶，和八小時服務五個客戶，賺一樣的錢，想也知道怎樣會有比較好的品質。

要說漲價是為了客戶好，其實一點也不為過！

### • 超過三年沒漲價

這就是我本人，我之前對漲價的事情不知所措，第二年聽了前輩的建議，嘗試調漲價格，結果發現這種事不是自己想怎樣就可以怎樣。客戶會評估客觀條件，論定你的價值。一直到第三年，做出比較多成績後，某個長期合作的客戶提醒：「我員工薪水都漲好幾次了，妳居然都沒漲！」我才敢漲價。

我運氣好，碰到願意主動抬價的客戶，但下一個三年，我想也得提醒自己才行。

## 怎麼漲價才能雙贏？

正如前述，我第二年曾經試圖漲價，但沒人理我。後來想想，是我那時還沒有客觀的成績，服務內容設計也不夠完善，

無法傳達自己的價值。

　　第三年漲價成功，一方面是因為客戶肯定，讓我有足夠底氣。另一方面則是小有成績，服務也不斷調整改善，同時配合以下技巧，才成功漲價：

### • 漲價幅度要有依據

　　我第二年漲價失敗是因為自己覺得可以，但缺乏有力證據支撐，而且自由工作者產出的是無形的價值，和別人說「物價飛漲」、「原物料漲價」，別人只會覺得「和你有什麼關係」？

　　你必須觀察市場、競爭對手、客戶，以及平常訂閱的服務（工作用的）有何反應、漲多少幅度，以免嚇跑潛在客戶，讓你的競爭對手有機可趁，大作文章。

　　像我在使用的創作者知識產品平臺 Gumroad，二〇二二年底宣布抽成數提升至 10%，且不包含信用卡手續費，但創辦人薩希爾・拉文賈（Sahil Lavingia）沒有對使用者詳述原因，只說未來想簡化收費方式，並向另一個知名平臺 Patreon 看齊。但缺乏依據和解釋的公告讓變現本來就很困難的創作者大為光火，紛紛宣告出走。

　　一直視 Gumroad 為競品的線上教學平臺 Podia 就以此為題，寄了一封電子信給用戶，嘲諷 Gumroad 的漲價行為棄創作者於不顧，甚至還推出限時免費服務，幫助想跳槽的用戶搬

家。

　雖然這個案例的當事人並非自由工作者，但道理相同。有時大家在意的不一定是錢，而是「為什麼要多付那些錢」？缺乏說明就容易弄得「人財兩失」。

### • 逐步調漲，不要一次到位

　一次到位雖能解決燃眉之急，不過急遽上升的成本，可能會讓你的客戶生怨，而更有可能發生的狀況是，你宣布要一口氣漲好漲滿，客戶當下就決定終止合作。

　漲多少才合理？要看產業和服務項目，同樣是自由工作者，工程師和文字工作者收取的價金差異極大，每個人的條件也不同，難以一概而論。

　建議最好事先計算總共要漲的幅度，分段進行、定好日期且事先預告。好好說明，讓客戶做好心理準備和財務規劃，才是尊重客戶的做法。

　例如最終希望漲 10％，才能重新找回事業的損益兩平，但如果像 Gumroad 那樣直接一口氣漲到底，就可能會生出事端、惹惱顧客。可以寫信給客戶預告漲價，並說明原由，同時宣布不會一次漲滿漲好，而是會給客戶一年的時間準備，期間內會逐步調漲費率（三個月後 3％、六個月後 5％，可視個人情況而定），期滿才會以 10％ 做為全新的費用標準，讓雙方都有充足的時間準備「軟著陸」。

＿＿＿＿＿＿＿＿＿＿＿＿　不上班，每天工作 3 小時的自由生活

## • 先對新客戶漲價

這是我個人的堅持，能持續以自由工作者的身分生活，都仰賴老客戶的支持，不先漲老客戶價錢是我能力所及的微小回饋。我會先設定新價格，用在爾後簽約的客戶。

新客戶不知道我以前的價碼，也是初次認識，比價對象只有我和其他人選，只需按照正常程序報價即可，這樣他們比較不會有相對剝奪感。

不過有時案子是透過老客戶或朋友介紹，他們以舊價格替你介紹新客戶，該如何解釋呢？如果他們得知的價格是好幾年前的，我會就事論事，說明那是數年前的價格，並重新報價，不過會略施小惠，像是總價打九折，或是原定簽年約才給優惠，變成簽半年約就給優惠等，給介紹人留點顏面，但也不會讓自己少賺太多。

可是一旦漲價後，你發現案源變少，甚至沒有案源了，就代表已經漲到自己能力的天花板，是時候提升自我了。


## • 觀察舊客營運和銷售狀況

一口氣全面漲價很省事，但顯得有些不近人情。尤其每個產業、企業的榮枯期不同，如果害怕嚇跑客戶，最好先觀察舊客戶的營運狀況。

就算我們身為外人，不一定能看出什麼端倪，不過若是營運出現問題，基本上還是有跡可循。例如回覆訊息的速度變

慢、公司的網站和社群平臺不再頻繁維護、殺掉見骨的促銷活動變得很多（代表他們想要換現金）、拖欠款項等，可能要留意客戶是否遇到困難。

有些客戶會主動更新近況，告知公司目前遭逢瓶頸，可否調整合作模式。在疫情期間，我有數個客戶深受影響，我就提供給客戶彈性的臨時方案，協助他們度過難關。

因為疫情之前，雙方非常有默契，合作很愉快，我才願意給個方便，但若是遇到平時就會刁難人的客戶，我大概就不會大開方便之門，頂多不漲價、收回優惠而已。

總之，漲價前要是擔心不小心誤傷想要長久合作的對象，就留意一下對方的狀況，如果只是一時不便，就不急於馬上進行。反之，就看你要不要把漲價當成最後的試煉了。

### • 合約快結束、續約前向舊客戶提前預告

針對老客戶漲價，真的謹慎為宜。讓他們感受到你在乎他們，有助於減少漲價失敗的風險。觀察客戶營運狀況後，就算客戶體質健康良好，也不代表能立即執行，大部分企業都有事先規劃預算的習慣，建議提前三個月至半年預告，並且在下一個年度執行會比較好。

假設你預計在二〇二四年全面調漲，最好在二〇二三年六月至十月間公告漲價計畫，說明理由和方式，讓客戶提前評估、規劃預算、商討是否續約。

千萬別讓客戶措手不及，免得他們的反應也會讓你無法招架。

### • 取消優惠，代替漲價

假設你真的害怕漲價會影響案源，取消優惠或將優惠資格門檻調高，也是維護利潤的權宜之計。

不過只要和錢有關，最好都提前預告，告知未來將會有新的合作方式，讓客戶覺得有選擇的空間和時間，而非被迫交錢。畢竟人花錢的時候會產生痛感，想辦法減輕客戶的疼痛，甚至無痛，就是你們能否長久合作的關鍵了。[1]

## 自由工作者該如何管理財務？

自由工作者一開始都會煩惱收入不夠，但收入夠了之後，如何管理財務、如何知道自己的事業是否獲利、成長，又是全新的難題。若已經決定開公司，就能找專業的會計、記帳士協助處理，但若和我一樣，暫時沒這個打算的朋友又該如何管理財務呢？

---

1　Zellermayer, O. (1996). The pain of paying. (Doctoral dissertation). Department of Social and Decision Sciences, Carnegie Mellon University, Pittsburgh, PA.

## 你覺得錢夠用，可能只是公私不分

我開始意識到要管理財務是因為我想訂閱「軟體及服務」（Software as a Service，SaaS），提升自己的工作效率。當時我的案源已經很穩定，絕對負擔得起，但總覺得怪怪的，因為沒有把帳分開，我不確定有多少錢可以運用。

那時我天真地以為，只要生活過得去，就等於我的事業有賺錢，但事實上並不是這樣。

你一定會想，判斷獲利與否還不簡單，營業數字有成長，扣掉固定成本還有剩，不就是有獲利嗎？

但是，自由工作者的最大挑戰就是「收入不固定，入帳時間不一定」，如果又把公帳、私人帳、所有的帳都混在一起，即便帳面數字看起來有賺，仍有可能面臨「黑字倒閉」的風險。

### • 什麼是黑字倒閉？

一般人都認為生意做不下去，一定是因為賠錢、財務赤字，才無法經營。但黑字也會讓生意面臨危機，怎麼說呢？

假設你的生活開銷為二萬元，工作固定支出五千元，本月支出為二萬五千元，而本月接案收入為三萬元，看起來好像有利潤，但若收入中，有一萬元在三個月後才會入帳，這時就會有問題了，黑字倒閉就會因此發生。如果還是不懂，可以看右頁圖。

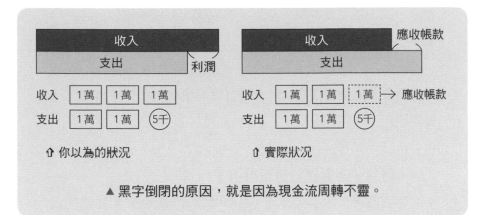

▲ 黑字倒閉的原因，就是因為現金流周轉不靈。

　　從圖中可以看到，你確實會收到那筆錢，但不是現在。你現在馬上會遇到五千元的資金缺口，如果沒有留緊急預備金，倒閉就只有一步之遙了。

## 自由工作者該如何管理財務？

　　我的自由事業大概在一年左右漸趨穩定，那時正在觀望幾個 SaaS 平臺的服務，覺得對事業應該會很有幫助，可是我卻不知道有沒有足夠的資金可以投入，因為我把所有的錢都混在一起，沒有公私分明。

　　學生時代的我，數學爛到被高中老師好言相勸，要我填志願千萬別填商學院（結果我出社會還當了行銷，想不到吧！老師），所以一直到這一刻之前，我總是逃避各式各樣的數學問題，像是理財、投資，我都覺得自己不可能學會，更不用說是

會計，當下我也很害怕，心想：「我真的有辦法搞懂會計在幹嘛嗎？」

但我深知，如果我不面對，這個問題會成為未來的絆腳石，於是我上網尋找答案，看看有沒有更簡單易懂的方式，然後我發現了《獲利優先》這本書。

### • 信封袋理財法也適用自由工作者

作者麥可‧米卡洛維茲（Mike Michalowicz）面臨的挑戰和我很像，他剛開始創業時，事業順風順水，可是他花錢大手大腳，沒多久就發現自己的公司因為他的浪擲而瀕臨破產。他從女兒的小豬撲滿取得靈感，並結合信封袋存錢法，開設七大帳戶，設定不同比例，才挽救了頹勢。

我雖然狀況和他相仿，但幸運的是，我還沒山窮水盡，就找到解決之道。

所謂的七大帳戶，分別是收入、營業費用、老闆薪資、稅款、稅款保存、獲利和獲利保存（其中兩個「保存帳戶」是指難以輕易動用的帳戶），設定好七大帳戶後，再設置不同比例，當收入帳戶有錢後，就能按照比例分配款項，如此一來，繳稅季來臨時，就不會有大失血的感覺，因為每個月都在為此準備。

書中有詳列每個帳戶的建議比例，不過我認為不見得適用於每一種臺灣的事業規模，包含自由工作者。因此，我使用

時，比例依照自己的需求調整很多次，後面會詳細列我設定的比例供大家參考。

不過作者有提供適合新創事業的款項配比，分別為：獲利1%、老闆薪資50%、稅款15%，也可先以此範例起步，再視情況調整。

## ● 公私分明

要管理自由事業的財務，無論有無成立公司都該養成「公私分明」的習慣，就是公帳與私帳分開，才不會一直以私帳支付公事開銷，誤以為現金流足夠，實則不斷倒貼。

要如何做到公私分明呢？最簡單的方法就是收款戶和生活帳戶分開。

由於以前從事不少工作，每間公司都以不同的銀行做為薪資戶，我有一大堆銀行帳戶，可被當作不同「信封」，設定成不同用途。但如果你沒有這麼多帳戶，或不想管理那麼多帳戶，也可善用部分銀行的子帳戶功能，讓不同用途的資金現金流都一目瞭然。

讀完《獲利優先》後，根據自己的狀況，將過去閒置的銀行帳戶分成六種不同的用途：

### #收款帳戶

其他帳戶不開都可以，但這個絕對要開，不僅能讓你看清

楚事業的實際現金流，若未來有貸款需求，也能以此帳戶定期轉帳給生活帳戶，向銀行證明，你有正當工作的收入、具備還款的能力。

### #工會費／稅金

工會費是每三個月繳一次，稅金是每年繳一次。無論是繳交哪種費用，每次都會覺得大失血，也擔心入不敷出。但自從分帳戶後，我每個月都會撥一定比例的錢進這個帳戶，提前「分期付款」，時間到了就拿這裡的錢支付，不用擔心付帳單的那個月會喝西北風。

### #服務訂閱／器材添購

為了提升工作效率、服務品質，就勢必要訂閱一些 SaaS 服務、購買器材。我每個月會撥款進這個帳戶，就不會像以前那樣，想買設備卻不確定資金是否足夠。未來只要想換設備，只要看這個帳戶有沒有錢，就知道能否投資器材了。

### #獲利

許多自由工作者都會羨慕上班族可以領三節獎金、年終獎金，但其實沒在公司上班也可以領獎金。

設置獲利專屬帳戶，每個月就算提撥極少款項，例如一百元，到了年底也有一千二百元可以慰勞自己。

# ＃緊急備用金

每個專案的入帳時間都不一樣，為了避免前述的黑字倒閉，最好的方法就是預先存好公司的緊急備用金。理想的儲備水位是三～六個月的公司基本開銷，能超過當然最好。

# ＃生活帳戶（薪資）：我會付自己薪水

收款戶是和客戶收錢的帳戶，生活帳戶才是真正的薪資戶。我的薪資戶中，還開了許多不同用途的子帳戶，像是：

1. 生活開銷。
2. 投資。
3. 保險。
4. 生活緊急備用金。
5. 自提退休金。

分配完固定比例後，剩下的才是娛樂費用，我是個物欲極低的人，倒不覺得這樣缺乏人性。但如果你物欲很高，可以再開一個帳戶，專門為你的欲望分期付款。我聽過一個案例，他是自由工作者，平常最喜歡的消遣就是吃大餐，所以他有一個帳戶就是用於支付大餐的費用，一領到專案費就會撥一點錢進帳戶，以確保兼顧生計和娛樂。

可是一開始接案的人很難賺到大錢，相對地就沒這麼多費用能分配，但還是可以逐步調整比例。像是先照顧基本生計，欲望帳戶每個月只撥 1％或一百元，雖然少且要克制欲望一段

時間，可是時間一長，仍是一筆得以滿足欲望的金額，此時的你會驚覺自己走過的路有多長、又有多顯著的成長。當下的成就感，或許會比欲望被滿足更多！

## • 設定分配比例

如果你能和上班族一樣，每月都賺到且領到固定的薪水，就分配固定金額即可。但大部分的自由工作者不是如此，可能本月實收三萬，下個月實收六萬甚至十萬，所以我依照《獲利優先》的建議，用比例的方式分配。不過，我沒有完全按照書中的比例執行，而是依照自己的狀況調整，目前我的分配比例是這樣：

| 收款帳戶 100% | 公帳 10% | 獲利 1% |
|---|---|---|
| | | 工會費／稅金 6% |
| | | 服務訂閱／器材添購 2% |
| | | 緊急備用金 1% |
| | 私帳 90% | 生活開銷 60% |
| | | 投資理財 14% |
| | | 保險費用 2% |
| | | 緊急備用 8% |
| | | 自提勞退 6% |

雖然我認為儲蓄率不夠理想，希望有一天投資＋儲蓄比例能拉高到 45％，但只能慢慢加油了。現在這個狀態是經過多

次調整後，各方面都覺得很舒服的比例，提供給大家參考。

至於你應該如何設置比例呢？

我認為首要任務是能收支平衡，基本開銷都能滿足後，才有餘裕分配多餘的資金，若你已經開始獲利，但對於財務管理還沒什麼紀律和概念，可以這樣做：

先計算自己的月平均收入，再找出固定支出的金額，就能算出項目占比。例如：

收入：月平均 30,000 元

支出：工會費為 2,700 元／月

基本生活開銷為 20,000 元／月

服務訂閱 600 元／月

這樣就能先將較重要且已知的項目算出占比，再分配剩下的比例：

| | | |
|---|---|---|
| **收款帳戶 100%** | 公帳 | 獲利 |
| | | 工會費／稅金：2,700 元（9%） |
| | | 服務訂閱／器材添購：600 元（2%） |
| | | 緊急備用金 |
| | 私帳 | 生活開銷：20,000 元（66%） |
| | | 投資理財 |
| | | 保險費用 |
| | | 緊急備用 |
| | | 自提勞退 |

$100\% - (9\% + 2\% + 66\%) = 100\% - 77\%$

$= 23\%$（剩下的可分配比例）

光是已知的部分就占總收入的 77%，剩下的 23% 要如何分配就依照每個人的實際需求調整。

有時短期沒有採購需求，我也會彈性調整比例，提升其他帳戶的水位。而獲利帳戶內的錢，我不會全部拿來當紅包花掉，而是設定一個數字，到達水位後，領一半、留一半，例如存到一萬元，拿其中的五千元給自己當獎金。此外，我還會搭配高利活存帳戶，讓數字成長的速度更快。

### • 定時分配

前面提到要按照比例分配，但只講了比例，沒提到何時分配。自由工作者的收款日都不一定，該怎麼決定分配時間呢？

我目前是每月五日分配，就算在不同日子，收款帳戶有進帳，也只會記錄一下現金流，不會馬上轉帳，這樣才不會花太多時間，而且累積金額一次發放，不僅手續費比較少、看到大筆金額心情會比較好。重點是，定時分配能創造你是一個有穩定正當收入的形象，對於未來有房貸、車貸等各式貸款的人來說非常重要。

分配轉帳的日期可以自己決定，我是因為目前合作的客戶大多是在月底到隔月五日前匯款，所以才選每月五日分配。若你的款項集中在每月中旬，也可以擇日執行。

重點是定時分配，讓每個用途的帳戶都能有活水湧入，帳單來臨時，就不怕大失血了。

### • 自提勞退

看到這裡應該有發現，我有存退休金。解釋為什麼要自提退休金之前，要先說明什麼是「自提勞退」。

如果你還是上班族，雇主、政府，還有你會共同分攤的社會保險，就是勞保和健保。

勞工保險分攤比例為：雇主 70％、勞工 20％、政府 10％。

健康保險分攤比例為：雇主 60％、勞工 30％、政府 10％。

另外，雇主還要再為勞工提供退休保障，就是提撥員工薪資的 6％ 做為退休金，勞工也可自己選擇加碼額外拿錢出來，選擇提交薪資的 1％ ～ 6％，存到勞工退休個人專戶當退休金。

但自由工作者是自己的老闆，沒有雇主、政府幫你分攤勞健保，也沒有勞退，所以才要加入工會，自己處理勞健保，退休金也得自己想辦法。

自由工作者雖不是勞工，但也可以自行前往勞保局申請「自提勞退」，就能持續累積退休金。

或許有人擔心勞保會破產，但「自提勞退」是存在個人專戶，而不是勞保的共同帳戶，不必擔心受到波及，而且自提6％以內可享免稅優惠，也可隨時停繳，十分具有彈性。

既然如此，為何還要自己存呢？其實是想分散風險，且額

外加碼，所以，我是另外存的，並透過高利活存和定存，保守且緩慢地放大資產。個人專戶的部分就當作沒辦法任意動用的保底資產。

未來會發生什麼事不知道，會活多久也不知道。但看過身邊太多長輩的慘痛經驗，我覺得提早做準備，讓自己安心絕對不會錯！

### • 推薦和常用的表格

雖然我一開始逃避了會計，選擇先從《獲利優先》的方法入門，不過後來發現會計知識依然有其必要，所以還是硬著頭皮學了。儘管只學到皮毛，但至少知道資產負債表、現金流量表和損益表是什麼東西，而且管理自己的一人事業，繁瑣程度也沒那麼高，只要汲取會計三表中的部分項目和精神，就能搞清楚自己的事業狀況。

會計三表感覺很艱澀，但網路上有很多現成範本，其中我認為「Simpany 簡單開公司」的雲端帳簿，設計得很直觀，操作非常便利，對於想要掌握現金流的自由工作者、一人公司負責人來說非常便利。

但如果你才剛起步，用不到這麼多複雜的格式，可以先從簡單的日記帳、損益表、資產負債表開始。以前我用過的範例如下，你可以按照自己的習慣，更改成全新版本。

| 日記帳本 | | | |
|---|---|---|---|
| 日期 | 支出／收入 | 項目 | 金額 |
| 20221014 | 支出 | 工會費 | − 8,225 |
| 20221020 | 收入 | ××專案訂金 | 5,000 |

| 損益表 | |
|---|---|
| 2022 年 10 月 | |
| 收入 | |
| ××專案訂金 | 5,000 |
| ○○專案尾款 | 10,000 |
| 收入合計 | 15,000 |
| 費用 | |
| 工會費 | − 8,225 |
| 交通費 | − 2,000 |
| 費用合計 | − 10,225 |
| 本月損益 | |
| 4,775 | |

| 資產負債表 | | | |
|---|---|---|---|
| 流動資產 | | 流動負債 | |
| 緊急預備金 | 200,000 | 應付帳款 | − 12,000 |
| 其他現金 | 50,000 | | |
| 應收帳款 | 25,000 | | |
| 固定資產 | | 長期負債 | |
| 生財器具（電腦） | 40,000 | 無 | 0 |
| 資產合計 | | 負債合計 | |
| 315,000 | | − 12,000 | |
| 淨資產 | | | |
| 303,000 | | | |

# 永續經營自由事業

「昨天的成敗都無所謂，重要的是今天有什麼資源和能力，可以繼續在人生道路上前進。」

——艾瑞克‧賽諾威（Eric C. Sinoway）、梅瑞爾‧梅多（Merrill Meadow）《你想成為什麼樣的人？》

當受雇於人的員工需要規劃職涯，當自由工作者更需要。如何讓自由永續？如何讓自由更加穩固？要在這條路繼續走下去，不再只是當好自由工作者，而要思考你想成為什麼樣的自由工作者？

## 休息時間也要好好規劃

嚮往自由工作生活的人多半以為自由工作能讓他們解脫，是朝九晚五、加班地獄的救贖。但事實是，當無人約束，當自己老闆的情況下，也可能繼續過上「燃燒殆盡」（Burn out）的生活。

你一定會想，怎麼可能？自己做主，怎麼可能會讓自己陷入這種狀態？

不過實際上就是很可能變成這樣，如果沒留意以下狀況，通常都會忙到筋疲力盡，讓自己成為剝削自己的慣老闆。

## 公私不分，以至於抵擋不了誘惑

大部分自由工作者都在家工作，但家裡的氛圍原本是設計用來休息的，在這種空間工作會渙散、提不起勁，真的是再正常不過了。看看那些你精挑細選的沙發、枕頭、寢具，家中的一切都是為了取悅你而存在，你想花更多時間和它們相處，相當合理。

可是當生活無人管束，沒人告訴你何時要開始工作、哪裡是你的辦公場所，工作和玩遊戲、追劇的地方是同一個，身體當然會選擇比較放鬆的那一個活動。（躺在床上看漫畫真的是太棒了！）

人的意志力額度有限，不能怪它。但你能完成工作的時間就會因此愈拖愈晚，接著就會無法擺脫罪惡感好好享受休閒時間，又要在深夜加班。結果可想而知，就是兩邊都做不好，既沒娛樂，工作又沒效率。

## 沒設下界限，使命必達，來者不拒

為了取得信賴，許多剛開始接案的朋友會把姿態放得很

低，表達出使命必達、來者不拒，「隨時」能幫客戶解決問題的訊息，並以此做為自身事業的市場區隔。

能屈能伸、願意放下身段雖然令人佩服，但若遇到有心人士、不肖客戶，利用你的善意，就真的會「隨時」接到他的電話，彷彿你是 on call 的竹科工程師。

有位同行就曾遇到這樣的合作對象，同行是位年輕媽媽，為了一邊照顧孩子，又能有收入，才試著在家接案。結果遇到的客戶似乎搞不清楚承攬和雇傭的差別，明明是承攬，卻要求她平常一定要接電話，超過一小時沒回電，就會被說是在偷懶、被罵到臭頭，最後她不堪其擾，只好終止合作。

## 接太多案子

自由工作者有做事才有錢，往往會讓人忍不住想多接一點，以便讓自己的收入成長，漸漸完成理想中的生活樣貌。

不過多接工作在不外包給別人的情況下，就代表工時要拉長。我滿常聽到其他自由工作者的每日工時長達十五～十六小時，或是晚上、假日都在工作。當然不排除有些人很熱愛工作、樂在其中，那就不成問題。

可是如果你和我一樣，案子接到某個量之後，就會開始變得異常焦慮、暴躁，還是要像我們在第 3 章〈讓顧客上門，需要經過一番設計〉談到的一樣，設定案量限制，以守護自己的身心健康。

## 我如何規劃休息時間？

　　曾有被工作搞壞身體的慘痛經驗，成為自由工作者之後，我對「設下界限」格外重視。不是每個人都可以維持每日工時十小時以上，長達數十年，至少我知道自己不是這類天選之人。所以，我簽約前會告知客戶，溝通盡量以文字為主，會議必須事先預約，並嚴守以下原則，確保自己的空間不會被吞噬：

### ● 只在書桌前工作 —— 絕對不帶筆電到床上

　　這點看起來很普通，卻非常重要。身體會有記憶，最好讓身體習慣，當你坐在書桌前，就是要幹大事了。

　　另一個原因則很務實，為了腰椎好。我二十幾歲時，很愛帶著筆電半躺在床上寫文章、看影片，不過這姿勢很傷腰和頸部，讓我經常腰痠背痛、頸部僵硬，後來買了人體工學椅，乖乖坐在書桌前，才改善許多。

### ● 絕對不釋出可以「隨時」找我的訊息

　　我知道有些人常把「有問題隨時可以找我喔！」掛在嘴邊，心裡卻認為「這只是客套話」，但一言既出，不僅駟馬難追，很多人還會當真，三不五時就來找你。

　　當自由工作者之前，我聽過很多設計師友人親身經歷的「鬼故事」，像是半夜三點打電話要求立刻改顏色、修改需求不一口氣講完的客戶層出不窮。所以我從不說「有問題隨時找

我」，而會說：「有問題都歡迎提出，我會盡快回覆。」也會在合約上直接註明聯絡時間為上午十點至晚上六點，若真有急事，可用通訊軟體傳訊告知，但我會統一於隔天或隔週一回覆處理。

可能有些人會覺得這種做法太缺乏彈性，可是我認為這是篩選客戶的方式，能接受的客戶就不會在意，也能迫使客戶在聯絡我之前，先整理、組織要說什麼，讓溝通更有效率。

除此之外，我認為這才是對所有客戶一視同仁、最公平的做法，沒道理預算差不多，卻獲得比較多的關心和服務，只因為說話比較大聲，就期待自己獲得更多特權。

當然我也有遇過簽約時答應不會隨便打擾，正式合作後卻各種叨擾，一下要我加入無關的會議，一下晚上九點、十點打來交代事情，然後開始抱怨原物料、人事成本上升的客戶。

這時我會冷靜地告知、複誦原則，請他盡快講完、句點他。若還是不識相，繼續在深夜打來，我會直接拒接電話，隔天早上再以文字訊息回覆：「抱歉，昨晚睡了，所以沒接到電話。」

大多數客戶面對這樣的做法，之後就不會在深夜打來，因為他們知道不會有人接。

我知道這樣的做法很強硬，但若想要守護私人時間，有時就是得做到這種程度，不是每個人都能同理別人的狀況。

二〇一五年那次 Burn out 後，頓失生活重心的我發現，沒

了工作的我，什麼經驗都沒有，我什麼都不是。既然成為自由工作者是要拿回生活主導權，那我當然能決定要不要接受客戶情緒勒索、要不要接那通電話。

只要我日間工作態度良好、準時交付、成果的品質優良，客戶要因為我個人不愛接電話的堅持，而貼標籤、認定我不敬業，那就隨他吧！反正我會自己撕下來。

成為自由工作者就是不想讓工作繼續定義我全部的人生。

### • 把聯絡時間寫在合約裡

特別在意私人時間被侵蝕，如同上述所說，我會把聯絡時間寫在合約裡，註明：「若非必要，晚上六點後，及週六日、國定假日不再回覆和處理工作項目。」簽約時，也會好好向客戶說明。

大部分客戶很好，都表示可以理解，也同意這條約定，我會對他們說，這是不想打擾客戶的私人時間，每個人都有自己的生活要過，我會在這個限定時段內聯絡所有事項。

有些客戶會在平日休假，只要他們一說，我也會馬上改以E-mail 聯繫，並說聲：「抱歉打擾了，休假愉快。」不再傳文字短訊息給他，這才是我認為最理想的合作關係，互相尊重，一起努力。

看到這邊，你也許會想問，為什麼明明是自由工作者，卻還要訂一個上班族的時間表呢？原因有二：一是因為大部分的

客戶都是在這段時間工作，聯絡比較方便；二則是配合我先生的上班時間，他無法自由調整，我就配合他，這樣才能一起共進晚餐、一起出遊，這也是我如此堅持嚴守工作時間的主因。

人的一生會花九萬至十二萬五千小時工作，已經很多了，若再把私人時間瓜分給工作，那我們和工作結婚就好啦！為什麼還要和另一個人共結連理，對他說想廝守終生，然後在該陪伴對方的時候選擇工作，把對方晾在一邊。

人在體制、身不由己就算了，既然我已經拿回主導權，就該有意識地運用、控管自由，而不只是純粹地揮霍時間，任憑流逝，也該確保自己的選擇，不會傷害到身邊的任何一個人。

## • 留意案量和身心平衡

曾經有位前輩問我：如何決定要接多少案子、如何知道案子已經滿了？除了從時間、營業額目標來判斷之外，身心健康也是很重要的基準。

還記得接案兩年多，雖然那時還未脫離疫情籠罩，但我的事業已經再次露出曙光，來到前所未有的高峰期。當時的我只想著要趕快把握機會，擺脫自由工作前期的苦日子，卻忘記自己當時自由工作的初衷——調養生息、找回健康。

於是我又開始失眠、過敏一整個月、大小感冒不斷，彷彿我的意識與肉體不同調，身體知道我的精神過於衝動、總是忘記休息，只能藉由病痛提醒，強迫我慢下腳步，不要再壓榨自

己的身體。

隨後只要開始有一點睡不好的徵兆，或是開始頻繁感冒，我就會停止接案，只專注完成現有的專案。再到後來，乾脆限定專案數量，額滿就不再承接。

## 接案，可以接一輩子嗎？

當事業穩定後，不免會進一步思考未來：要這樣繼續下去嗎？未來的自己會變得怎麼樣呢？

接案，可以接一輩子嗎？

只要科技工具還沒有任何顛覆性的改變，接案要接一輩子，不是不可能的事。許多自由工作者的下一步通常是組團隊、開公司繼續接案。許多法人機構的經營模式，說穿了都是接案，只是案源、案子的形式、規模有所差異罷了。只要需求在，接案當然可以一直接下去。

但問題是，你不一定會甘於如此，不一定會想繼續接案。

### 兩年魔咒

法國部落客暨自由工作者本‧伊森（Ben Issen）曾在自己的網站上提到「兩年魔咒」[2]，意即穩定挺過兩年的自由工作

---

2　Ben Issen (2020), No, thank you: When freelancers care less to earn more.

者，多半已經證明實力，但通常這個階段的自由工作者會因為穩定、無聊，而更想做自己的事。雖然還是會配合客戶的需求執行專案，但此階段會更傾向心如止水、毫無感情且麻木地看待專案。

我就是這樣。

我也是在差不多的時間點出現類似的症頭，客戶要什麼就給什麼，鮮少為了想法爭論，我知道那是客戶的事業、客戶的選擇，他想在作品留下自己的痕跡，一如我想照自己的意志創作一樣。

出現這種狀態的同時，家母重病一場，這讓我發現即便自由如我，還是會被工作束縛，因為我沒有職務代理人、不能請假，只能提前完成。

某個邊哭邊趕工的下午，我意識到必須在十天內做完一個月的工作，才能順利「請事假」。那刻對我來說是一個很重要的轉捩點：當家人倒下時，我還可以趕工，但如果倒下的人是我呢？我發現得找第二條路，確保自己在無法工作時，仍有收入進帳。

雖然那陣子非常心力交瘁，但我感謝自己從中獲得新發現，家母健康狀況穩定後，我便開始研發自己的知識產品，開設知識商城，尋找另一條開源的路。

# 第二曲線

查爾斯・韓第（Charles Handy）曾在二〇一五年提出「第二曲線」理論，指出每個組織的成長曲線幾乎都像橫向的 S 形，組織應該趁著高峰期，趕緊找到第二項優勢，才能在走下坡之前找到全新的發展方向，讓企業得以穩健前進。

這個理論不僅適用於組織，個人職涯亦然。當個人事業漸趨穩定時，就是思考自己的第二曲線的時候了。

## • 如何找到自己的第二曲線？

如果對於「第二曲線」還是一知半解，我們就以 Google 為例。過去他們只有搜尋引擎這個收入來源，二〇〇五年收購 Android、隔年收購 YouTube 的決定，就被視為發展第二曲線（甚至是第三曲線）的最佳範例。

個人該如何找到自己的第二曲線呢？

本・伊森認為完整的自由工作商業模式應該要同時進行「接案」（Services）、「教育」（Education）、「顧問」（Consulting），並將其整合成「超級自由工作模型」（The Hyper Freelance Model）。

這三者環環相扣、相輔相成，接案的經驗可以傳授給其他想學習的人，也可以做為顧問的基礎，教育和顧問過程中所獲得的回饋，也能成為改善服務與產品的參考，提升個人事業的整體價值。

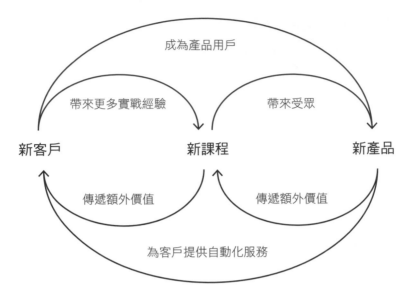

▲「超級自由工作者」商業模型示意圖。

### • ABZ 職涯計畫

LinkedIn 的聯合創辦人里德・霍夫曼（Reid Hoffman）曾經發表過和「第二曲線」類似的想法，叫做「ABZ 職涯計畫」（ABZ Planning）[3]，藉由提前規劃 A、B、Z 三種不同計畫，幫助自己面對產業變更、科技進步和黑天鵝時，能持續穩健朝著目標前進。

---

3　Reid Hoffman (2022). ABZ Planning: the Entrepreneurial Approach to Career Plans.

他在自己的 LinkedIn 頁面中，解釋何謂 A、B、Z 三種計畫：

A 計畫：代表你現在正在做的事，如果沒有意外，將一直做這件事，直到達到你的目標。

B 計畫：代表達成目標的折衷備案。要完成目標，我們會經歷許多挑戰，計畫往往趕不上變化，B 計畫就是當變化出現、A 計畫失效時，我們要採取的行動。但最終目標依然一樣，只是做法隨著環境變化，一起轉向了。

Z 計畫：當 A、B 計畫都不管用時，能讓你不用去睡公園的計畫，就是 Z 計畫。Z 計畫幫助你重新積攢資源，讓你重回軌道，重新爭取原有的目標。

假設你現在是自由工作者，打算一直以這種自由自在的方式維生，接案就是你的 A 計畫。但人的時間和體力有限，你不太可能一直到五十歲都維持和現在一模一樣的工作方式，你的 B 計畫是推出可不斷複製生產販售的產品，或是擴大營業規模，請別人代勞原本的任務，你只需要進行決策工作即可，依舊能過著同樣自在的生活。畢竟，自由工作者除了接案，還有很多種可能。

不過生產產品、經營公司都有風險，如果有一天你因為一些原因，面臨即將無法繼續過著自在的生活，該如何維生呢？你的 Z 計畫可能是提前存錢，遇到緊急狀況時，讓自己不會

那麼快吃土。

　　無論是「第二曲線」、「ABZ 職涯計畫」都提醒我們，人生和事業階段都會隨著時間發展而有不同的變化，若想延續自在的自由工作生活，都該提早規劃，為自己建立護城河。

# 自由工作者除了接案，還能有哪些收入？

　　接案雖比起一般上班族自由，也能藉由案件數量的管控提升收入，突破普通上班族的薪資水準，但案件多，就要花更多時間和體力執行處理，隨著年紀增長，時間和體力都會漸漸變成愈來愈稀缺的珍貴資源，若不考慮成立公司、找更多人來幫忙，自由工作者還能透過哪些方式，增加接案以外的收入呢？

## 多元的收入管道

　　自由工作者的工作型態多半為 B2B，就是「企業對企業」的形式，B2B 的商業模式除了外包代工之外，還有演講、企業內訓、顧問服務等獲利模式。

　　但誰說自由工作者只能圍於 B2B 呢？也能經營 B2C，就是面向消費者的生意。B2C 的獲利模式通常有：

課　　程：線上課程、實體課程。

產　　品：實體周邊（如果你是設計師，可以推出貼紙、明信片等）或虛擬產品（外掛、知識產品、模

板範本等）。

內容資產：從電子書、紙本書籍或刊物、電子報、個人自
媒體等管道，取得直接銷售利益、版稅或訂閱
贊助。

活　　動：自辦講座、議題論壇、讀書會。

另外還有一種模式為兩者的混合體，就是 B2B2C，意思
是「企業到企業，再到消費者」，一般是指電商平臺或百貨公
司，但自由工作者也可以用相同的模式，以經銷、聯盟行銷，
或是團購的方式，取得分潤收入。若有經營個人品牌、自媒
體，也可望以業配增加額外收入。

## 我有哪些額外收入？何時發現這事很重要？

之所以開始重視額外的收入來源是因為婚後家中陸續出現
狀況，需要抽身處理照顧，當時發現，即使我是自由工作者仍
要面對時間不夠、分身乏術的狀況。

畢竟自由工作者無法請帶薪假，也沒有職務代理人，就算
再怎麼靈活安排時間，案子總要完成，不然就完全沒有收入。
從那一刻起，我就發現只有接案這個單一收入來源絕對不行，
必須開拓財源才行。

我開始嘗試在網站上賣知識產品、模板範本，也有試過寫
訂閱制的內容、開寫作課等，後來曾受邀演講，並獲得軟體經
銷、產品業配的機會。

目前還有持續進行的是知識產品的販售，這只要花一次功夫，就能靠著 SEO 幫我不停地賺進「半被動收入」，而且對我的技能專業來說，也是比較輕鬆的方式，很快就能推陳出新。

儘管這部分的收入現在還不足以應付全部的生活開銷，但至少能替自己帶來類似股息的收入，也能帶來其他意想不到的機會，不讓自己全部的工作重心都單押在接案上，得以有更多元的發展。

## 自由工作一陣子，還是無法維生怎麼辦？

偶爾會收到網友來信詢問一些關於自由工作的問題，某次我收到一封焦慮滿滿的信件，內容是這樣的：

「自由接案一年多，仍無法靠接案獲得正常的薪水。最近接到的案子又是低薪加爆肝（開始做了才知道業主根本沒有想清楚），加上個人技能涉略很廣（專案管理＋企劃＋文案＋平面設計＋網頁設計＋ SEO……）但每一種又不如專門做的人專精，不知道該如何確定技能深耕的方向，並找到願意付合理價格的業主？」

雖然我已經在部落格專文回覆過，不過現在又多了一些新的想法可以補充，我才決定在書裡再寫一次。

## 接案一年仍入不敷出的原因

針對她個人的狀況，我認為可能造成接案一年仍無法維生的原因如下：

1. 疫情不景氣的期間出來接案。
2. 事業缺乏精準定位。
3. 未經設計的服務流程。
4. 未設下底限。
5. 認為接案是靜態的過程。

關於事業缺乏精準定位、服務設計和設下明確界限的部分，前面的章節已經深入探討過，在此不再贅述。只會分享為何時機點很重要，以及為何接案是動態的過程。

### • 在不景氣的時候出來接案

儘管這一點不是這位網友的錯，不過錯的時機點出來接案，真的會有很多挫折感。因為不景氣，許多企業的態度都轉為保守、大砍預算，甚至沒有預算，所有拓展計畫都可能跟著喊卡，這點我可是深刻體會。

我剛開始出來接案的前半年都過得頗為滋潤，但疫情一來，就搞垮不少商家；商家受害，自由工作者也會連帶遭殃，因為不用付資遣費，我們通常都會是第一波被「止血」的對象。

接案第一年的後半年，因此過得很慘，月收入一度只剩下

一萬三千五百元，雖然還有之前存的老本可以啃，但看著不斷減少的帳戶餘額，還是讓當時的我焦慮到跑去找工作，同時重新整理作品集、架網站，重新設計服務，好在第二年又重回軌道，才得以繼續自由工作生涯。

接案時機真的很重要，對的時機接案，就像站在風口，很快就能起飛。

### • 接案是動態的過程

大學念服裝設計時，曾和同學有過有趣的討論，就是服裝品牌鎖定某群受眾進行設計到底有沒有必要，因為實際上會來消費的客人可能和你一開始想像的截然不同。

當時意見分成兩派，有人認為還是要鎖定受眾，另一派則認為沒必要。我當時是站在「要鎖定受眾」這一派，因為和想像不同，再調整就好了。雖然現在比較中立一點，覺得無論哪種都沒有對錯，只是選擇而已，但大致上還是偏向以前的想法。正如前述，不符預期，再調整就好，就算一開始眼光精準、站在風口，快速飛了起來，沒多久也要思考續航力和墜落的問題，挑戰只會一個一個接踵而來，直到再也無法承受為止。

既然接案也是創業的一種，自然也要經歷這一連串動態的過程。

## 接案近五年，方向調整超過數十次

回想過去近五年的時間，我調整事業方向的次數超過數十次，除了漲價之外，服務項目、內容、方式、受眾，全都改過不只一次，官網也改了四次，因為我總想讓行政流程變得更順、想省更多時間，總覺得有更好的方法。

一開始案件來源都是媒體，寫的都是採訪稿，但這類案件僧多粥少，也很看重人脈，抱持著分散風險的危機意識，我開始拓展服務項目、架設官網，然後去接案平臺招攬生意。

隨後，我又意識到當時的專案，每個生命周期都很短，對於要不斷尋找新案源感到十分疲憊，所以決定開發長期合作方案，讓自己減少業務開發的時間。我便將官網改版，透過動線的設計、軟體外掛的安裝，讓一切流程盡可能自動化，這樣就不用凡事親力親為、不必一直重複回答一樣的問題，也不用一直重複相同的流程。省下的時間就能用來執行更多專案。

接著我發現有些服務項目的投資報酬率很低，甚至乏人問津，這些服務項目的介紹文案也寫得不是很好，呈現方式不夠明確易懂，所以我進行了服務項目的刪減，以及展示頁面的修改設計。

即便我接案一年後就能穩定維生，但還是不停調整、修正，因為一定有更好的方式能讓我更省時、省力，獲得更好的合作對象和報酬。

我相信大部分客戶詢問都不是為了刁難，而是藉此表達他

對合作的興趣，如果我的調整能使客戶覺得專業、資訊清晰、不會有充滿疑惑的不安感，最後勢必能快速成交、帶來雙贏的局面。

## 旺季存錢，淡季「深蹲」

你可能會想那是因為我有老本可以啃，才能延長這麼多時間調整策略。沒錯，這就是緊急備用金的重要性，存愈多，嘗試的餘裕就愈多，只要重新步上軌道，再將緊急備用金的水位補滿即可。

自由工作者沒辦法每月存下固定金額，最好是在旺季時多存一些，淡季時才能安心「深蹲」，就是調整策略、準備作品集、開發業務，重回旺季時，就能跳得更高。

## 接案只是人生中的一段旅程

如果能做的都做了，事業還是不見起色，重新回到受雇者的角色也沒有關係，維生的方式百百種，一種行不通，不代表我們很失敗，也許只是時機不對，或還沒準備好而已。

前面分享過很多次，我不是第一次接案就上手，二〇一五年時接案半年就存款見底，只能重返職場當上班族，但殊不知就是因為這趟回歸，才能完整吸取自由工作的養分，充分利用在職場中學到的一切技能，讓自己變得更加成熟，現在才能續命更久。

我聽過一位網站工程師的故事，他接案兩次都不順遂，但屢敗屢戰，終於在第三次成功創立他的自由事業，以自己喜歡的方式工作維生。

有勵志的故事，也有認清現實的案例。我身邊一位朋友的朋友曾經嘗試接案四個月，後來還是選擇重返職場，因為她受不了不穩定的生活。

我覺得重返職場是個勇敢的抉擇，有些人會礙於面子而不願放下自由工作的身分，而她卻正視了內在的真實聲音，並勇於前進，開展新的旅程。

無論能否繼續自由工作，相信我們都能從這段經歷中，更加認識自己，這遠比其他收穫都來得更加重要。

## 我跟最久的老闆，是自己

剛出社會時，為了快點適應職場，我上網爬了很多文章。當時的社會氛圍多半鼓勵穩定、忠誠的工作態度。

那時看到有人能在公司待十年、二十年，我都心生佩服，能把自己人生大部分的時間奉獻給一間組織很了不起，我打從心裡知道自己做不到。也因為這個覺察，當時我對自己的職涯充滿了隱憂。

「容易對事物感到厭倦的我，真的有辦法像他們那樣嗎？做不到的我會不會給人不穩定的印象？未來我的職涯會不會因

此不順遂？」

帶著忐忑之心，我就這樣踏進職場了。

果不其然，我很有自知之明，直到接案之前，我換了五份工作，沒有任何一份工作做超過兩年半。我知道自己帶著這樣的履歷去求職，想必會讓人產生非常多疑慮，覺得我似乎缺乏定性。但每次離職都不是一時衝動，至少會思考半年，並試著溝通、磨合，最後才會遞出辭呈。

沒辦法在特定公司落地生根，讓我對這樣的自己感到非常失望，感覺人生好像就這樣了。但就算不甘心，也找不到突破的方法，那時朋友會指責我，叫我不要太天真，總是想找一份完美的工作：「世界上沒有那種東西。」

有些道理我們都懂，但要臣服於此、打從心裡相信，對那時的我來說還是太難了 —— 我一點都不想認輸。

只是，那時自認求職運很不好的我，大概沒想到有一天，我居然能在一個崗位上待將近五年，而這個崗位竟然是自己一手打造的。

雖然一開始只是誤打誤撞，甚至有點胡鬧的人生實驗，但我卻度過了艱辛的草創期、疫情等重重關卡，以自由工作者的身分維生至今。儘管不算資深，但也走了一段不短的路程，而我還想繼續走下去。

人的一生要面對各式各樣、大大小小的選擇，我覺得成為自由工作者是我人生做過最好的決定。

就算自由工作有很多不完美，可是我能快速且靈活地調整，讓它盡量符合我的需要和喜好，我不會總是察覺框架的存在；我不會因為身在體制要仰人鼻息而感到窒息；我不會覺得自己大部分的人生掌握在他人手裡。

　　我變得更少抱怨、變得更正向積極；我擁有更多時間正視遲滯未決的身心健康問題，開始有餘裕培養不同興趣，領略不同生活經驗；我找回創作的動力，可以理直氣壯地把生活重心放在自己身上，而不再有罪惡感；我體會到何謂「工作可以辛苦，但不必痛苦」；我不再把加班和高工時當作戰功勳章，終於開始能放掉成就和自我價值的綑綁，開始享受生活。

　　確實，每段成功故事都是倖存者偏差，包括我的也是（雖然我不算多有成就），不過，還是希望我的經驗能帶給你一些慰藉、靈感，讓你更有勇氣找回人生的主導權，寫下你的人生新篇章。

　　這本書能順利出版，要感謝的人實在太多。首先要感謝國琳老師，沒有你，我根本無法開啟自由工作生涯。接著要感謝承享，在我自由工作的路上，總是給我很多機會和提點，讓我的自由工作之路得以走得穩健踏實。感謝佳玲在咖啡廳和我分享出版的想法，妳是這本書的起點，讓我知道原來還有這種可能。

　　感謝揚銘老師率先破冰、寄信給我，給我肯定和好多好多的幫忙與建議，正是您當年那本《離開公司，我過得還不錯》

在我內心埋下自由工作的種子。這本書幫助我很多，不僅讓我在自由工作的過程中，少走很多彎路，想不到多年後居然能有機會認識，並有幸受到指教，寫下自己的書，還在同一家出版社出了同類型的書，人生真是神奇，真的萬分感謝自己有這份幸運。

也要感謝「內容出版地圖」的站長 Robert，你的無私分享，幫助我寫出這本書的雛形；謝謝彥甄主動幫忙引薦，沒有妳的熱心協助，這本書根本不會出現。

謝謝我的編輯映儒，放手讓我自由發揮，又總能即時提供可靠的建議，讓初次寫書的我能在短時間內進入狀況。

謝謝我的家人和朋友在我踏上自由工作之路後，給予許多支持和體諒；感謝所有合作過的客戶和夥伴，因為有你們，我才能不斷成長茁壯，更懂得如何面對未來的挑戰。

另外，要特別感謝我的先生，如果沒有你的包容、傾聽和無條件的鼓勵，我不可能完成這麼多事，也不可能成為現在的自己。

最後，要感謝正在讀這本書的你，有你的閱讀，這本書才有價值，希望這些文字能為你的生活，帶來不同的意義。

# 計算自己的生活成本和營運成本

# 計算自己的基本時薪

Win 系列 034

# 不上班，每天工作 3 小時的自由生活

作　　　者 —— 邱鈺玲
副總編輯 —— 邱憶伶
責任編輯 —— 陳映儒
封面設計 —— 林采薇
內頁設計 —— 張靜怡

董 事 長 —— 趙政岷
出 版 者 —— 時報文化出版企業股份有限公司
　　　　　　108019 臺北市和平西路三段 240 號 3 樓
　　　　　　發行專線 —— (02) 2306-6842
　　　　　　讀者服務專線 —— 0800-231-705・(02) 2304-7103
　　　　　　讀者服務傳真 —— (02) 2304-6858
　　　　　　郵撥 —— 19344724 時報文化出版公司
　　　　　　信箱 —— 10899 臺北華江橋郵局第 99 信箱
時報悅讀網 —— http://www.readingtimes.com.tw
電子郵件信箱 —— newstudy@readingtimes.com.tw
時報出版愛讀者粉絲團 —— https://www.facebook.com/readingtimes.2
法律顧問 —— 理律法律事務所　陳長文律師、李念祖律師
印　　　刷 —— 勁達印刷有限公司
初版一刷 —— 2023 年 11 月 17 日
初版二刷 —— 2024 年 8 月 22 日
定　　　價 —— 新臺幣 420 元
（缺頁或破損的書，請寄回更換）

時報文化出版公司成立於 1975 年，
1999 年股票上櫃公開發行，2008 年脫離中時集團非屬旺中，
以「尊重智慧與創意的文化事業」為信念。

不上班，每天工作 3 小時的自由生活／邱鈺玲著.
-- 初版 . -- 臺北市：時報文化出版企業股份有限
公司 , 2023.11
288 面；14.8×21 公分 . --（Win 系列；34）
ISBN 978-626-374-551-3（平裝）

1. CST：職場成功法　2. CST：生活指導

494.35　　　　　　　　　　　　　　112018132

ISBN 978-626-374-551-3
Printed in Taiwan